视与味的联觉

——中国艺术的食事图像志

陆颖 著

本书为2023年度浙江省社科联社科普及课题成果（项目号：23KPD25YB）浙江师范大学出版基金资助出版（Publishing Foundation of Zhejiang Normal University）

武汉大学出版社
WUHAN UNIVERSITY PRESS

图书在版编目(CIP)数据

视与味的联觉:中国艺术的食事图像志/陆颖著.—武汉:武汉大学
出版社,2022.12
ISBN 978-7-307-23502-1

Ⅰ.视… Ⅱ.陆… Ⅲ.饮食—文化—中国 Ⅳ.TS971.2

中国版本图书馆 CIP 数据核字(2022)第 247465 号

责任编辑:黄金涛 责任校对:汪欣怡 版式设计:马 佳

出版发行:武汉大学出版社 (430072 武昌 珞珈山)
(电子邮箱:cbs22@whu.edu.cn 网址:www.wdp.com.cn)
印刷:武汉中科兴业印务有限公司
开本:720×1000 1/16 印张:11.75 字数:168 千字 插页:1
版次:2022 年 12 月第 1 版 2022 年 12 月第 1 次印刷
ISBN 978-7-307-23502-1 定价:48.00 元

目　录

七月流火：诗经图里的上古春秋

索象于图，索理于书。

——（南宋）郑樵《通志》

（一）诗有图

中国艺术史上，诗和画的关系一直处于若即若离却兼容并包的微妙之境。苏轼评价王维的诗，说"味摩诘之诗，诗中有画；观摩诘之画，画中有诗"，如"明月松间照，清泉石上流"一句，同时勾连起读者的视觉和听觉感官，用字却是极致的简单朴拙，不禁令人拍案：诗画相辅，诚然！

但是，并非所有诗人都如摩诘那般，有东坡先生的伯乐之幸，也并不是所有诗歌或绘画都能齐头并进、各美其美。纵观中国诗史，我们发现第一部诗歌总集，在"诗——诗经——诗经图"的三步走路径中，经历了诗画关系的多重升维，结出艺术的琼浆蜜果。

大凡都知道的是：孔子将民间口口相传的唱诗整理为"诗"，也称"诗三百"，后经儒学发展和汉儒的解读与推崇，被冠以"经"书之名。虽经历了秦代焚书，所幸汉代四大家保存了《诗经》，其中留用至今的便是毛亨、毛苌传下来的[1]，后人称之为"毛诗"。这三百零五篇诗歌产生于西周初年至春秋中叶，时跨五百多年，辐射地域在陕西、山西、河南、河北、山东等省，活脱脱一部先秦至战国时期的风物、风俗志。孔子说"不学诗，无以言"，现如今即便黄毛小儿，也多少能摇头晃脑地吟诵两句"关关雎鸠，在河之洲"了。

鲜少为大众关注的是：《诗》有图，且历史久远。伴随《诗经》的成书和流传，画家们早已蠢蠢欲动，拿起各自的画笔，将诗歌中的萱草、伊人、水中汀渚或山间扶苏悉数付诸画卷了。日日年年，代代相继，自汉朝以降，"诗经图"成为了画史上浓墨重彩的绘本。那些诗文中出现过的或美好或凄厉、或高远或微茫、或婉约或豪迈的意象，通过画师们的想象，具体而微地呈现在世人眼前，真正是美哉、妙哉！

在无法确切考证的漫长岁月里，《诗经》散发着幽暗的神秘光芒，静水流深一般地将久远的故事讲给我们听；诗经图则不厌其烦地将古老的生活图景反复勾勒给人看——看古人如何耕作，如何起居饮食，如何祭祀，如何寄情相思。

那么，"诗经图"究竟长什么样呢？

有记载的《诗经》主题绘画成形于汉代，如东汉刘褒绘制的《北风》和《云汉》二图。《历代名画记》记载刘褒"曾画《云汉图》，人见之觉热；又画《北风图》，人见之觉凉"，画技可见一斑。只是，经过连年兵伐战乱，画作在荒乱年代殒亡无踪。及至魏晋南北朝时期，文人士大夫更积极地将绘画与文学相弥合，《诗经》无疑成为了最受欢迎的题材之一，如东晋司马绍画了《豳风七月图》；东晋卫协画了《北风图》《黍稷图》；南朝宋刘斌画了《诗黍梨图》，如此等等，另有佚名或作者不详者，不可尽数。这些画作取材于《诗经》，但最终化作历史文献中轻描淡写的笔墨，未得幸存。唐代的诗经图创作减少，偶有文献记载者——如程修己为《毛诗》作草木虫鱼之图（亦有待考证）——均未幸免于遗亡。

1　另外三家分别是鲁人申培、齐人辕固、燕人韩婴。

所幸到了宋代，诗经图绘制的艺术水平抵达了不可企及的高峰，并且出现了存世的珍贵画作，一位叫做"马和之"的南宋文人画家，终于闲庭信步地循着诗经图飘摇的历史轨迹，步入世人眼帘。已有文献材料中，对这位画家的描述并不明晰，生卒年代均未有精确记载，我们只知道他是钱塘（今杭州）人士，主要活跃于北宋末期至南宋初期，南宋高宗绍兴年间考取进士第，时任工部侍郎。据载宋高宗赵构"尝以毛诗三百篇诏和之图写，未及竣事而卒"（《绘事备考》），宋孝宗"甚喜马和之，每书三百篇，令和之写图，颇合上意"（《画继补遗》）。因此，学界有一说认为马和之为南宋宫廷画家，受高宗之命绘制诗经图，"艺精一世，命之总摄画院事"；另一说则认为马和之的风格笔路与两宋画院的总体风貌相差甚远，且受制于官阶品秩的局限，不可能服务于宫廷，故将之与北宋李公麟等人一道，归于文人画家之列。凡此，莫衷一是。

值得注意的是，马和之绘制的《毛诗图卷》是现存世界上年代最早的画作，扬之水先生盛赞马版诗经图"前无古人，后无来者"。全卷遵循古人左图右书的体例，据《图绘宝鉴》载，右侧题字乃高宗和孝宗御笔。虽后世画家对诗经图创作亦未曾停歇，如文征明、仇英、董其昌等人，但元明清时期画作依然以马和之版本临摹居多。直至清朝，那位热衷风雅韵事的乾隆皇帝敕命重新绘制三百一十一幅《御笔诗经图》，这段飘摇不定的诗画盛事，才算完满地步入归途。我们现在能在北京故宫博物院、上海博物馆、美国克利夫兰美术馆（传为南宋马远版本）、大都会博物馆等地，观赏到不同内容片段的诗经图。只是立于画作前，偶尔惶惶，才想到这些与我们照面的笔墨，竟是来自三千年前的古老言说。

（二）七月

多年前初读《豳风》，被开篇一句"七月流火"击中心神，彼时以为文中以流动的火形喻指盛夏的燥热，不禁叫好，似乎蝉鸣、清溪、带着暑气的麦浪都轰隆隆地迎面扑来了。后来才知道"流火"指的是火星向西下行，顿觉少了一些诗意，多了一点儿地气——原来《七月》是一首顺应农事季节性的民间哀怨之诗——诚如孔子所言，"兴观群怨"。

《豳风》七篇全都产生于西周时期，为《诗经·国风》中最早的诗歌，周文王时"其民有先王遗风，好稼穑，务本业，故豳诗言农桑衣食之本甚备"（《汉书》），可见文中详细录入了西周民间农耕、劳作、食宿的情况。藏于故宫博物院的《豳风》图卷相传由马和之绘制完成，笔力清新，设色清丽，人物生动，且颇具叙事性（见图1），在诸多诗经图版本中，显得尤为精制。《豳风》图卷让我们看到了南宋画师眼中的西周生活：除了忙碌，还是忙碌。

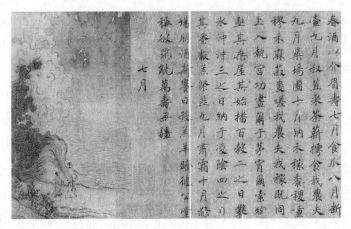

图1 （宋）马和之（传），《豳风》图卷（部分），美国纽约大都会艺术博物馆藏

《豳风·七月》描绘了一年中不同月份中的饮食、农耕和祭祀场景：

> 六月食郁及薁，
> 七月亨葵及菽。
> 八月剥枣，
> 十月获稻。
> 为此春酒，
> 以介眉寿。

七月食瓜，
八月断壶。
九月叔苴，
采茶薪樗，
食我农夫。
<分析段一>

九月筑场圃，
十月纳禾稼。
黍稷重穋，
禾麻菽麦。
嗟我农夫，
我稼既同，
入上执宫功。
昼尔于茅，
宵尔索綯，
亟其乘屋，
其始播百谷。
<分析段二>

二之日凿冰冲冲，
三之日纳于凌阴。
四之日其蚤，
献羔祭韭。
九月肃霜，
十月涤场。
朋酒斯飨，

日杀羔羊。

跻彼公堂，

称彼兕觥，

万寿无疆！

<分析段三>

分析段一中出现了一系列果蔬的名字（即便个别汉字显得陌生），比如郁和薁、葵和菽、荼和樗，另有枣、稻、酒、瓜、壶、苴等。这小段平实的文字如数家珍地记录了自六月开始的民间饮食——六月吃李子（郁）和葡萄（薁），七月煮豆子（菽）和葵苗（葵），八月打枣子，十月收稻子，用稻米酿制春酒，来年开春时酒祝长寿。七月吃瓜，八月摘葫芦（壶），九月拾取麻子（苴），采摘苦瓜（荼）、外出打野柴（樗），以此养活我们农夫。

可见，西周农夫们的食材并不贫乏，应季的蔬果和顺应时序的耕作将每一个日日夜夜都填充得满满当当，细读起来别有一番五柳先生"采菊东篱下"的桃源意味。文字叙事如此翔实，绘图自然不甘落后，文中的这些场景在马和之版本的《豳风》图卷的《七月》一节有明确的取景呈现（见图2）。打开诗经图，我们按照画卷展开的顺序自右向左观看，将画幅区分为a、b、c三个区块[1]（见图3），细读图像发现，每个区块所绘制的图像空间中，均细腻

图2 （宋）马和之（传），《豳风》图卷（部分），美国纽约大都会艺术博物馆藏

---

1 不同图像空间之间，以植物隔断。

地对照了文中的小句，一小句对应一小景，
品读起来颇觉可喜。马和之首先绘制了人们
择水而栖、取木于河的场景(见图3a)。小丘
之上，人们结伴而行，其中两个小人儿立于
山丘崎路旁，相视而立，手持枝丫三两枝，
"采荼薪樗"(采苦菜，打柴火)一句或许正是
对应此场景。当然，此小景图有更令人信服

图3a 采枝细节

且合理的解释。根据先秦时期的礼俗文化与生殖崇拜，每逢春季，男女相
聚在"桑林"，或"采桑"，行农事；或"祭祀高禖"，行云雨之事，我们在
下一章会对此做进一步讨论。

　　分析段二描述的是人们一年四时的主要劳作，大致是说：九月要把打
谷场修筑好(筑场圃)，十月要收割禾稼(纳禾稼)，早熟的和晚熟的黍子高
粱(黍稷重穋)以及禾麻豆麦(禾麻菽麦)都要一起收藏起来，等庄稼完工就
要向官家上缴，白天要去割草(茅)，晚上将茅草打成结绳(索綯)，房屋要
快些修缮，到了春天就得播种百谷了——依然是忙忙碌碌。

　　与之相应，我们看到《豳风·七月》图幅的中段(见图3b)，画中人已
经躬身于农田，三三两两结队，或耕锄，或犁地，兴致盎然，热火朝天，
确为一卷农桑劳作图谱。《豳风·七月》图卷中最热闹的当属第三个图像空
间中的宴饮场景(见图3c)，人们在茅屋内席地围坐、谈笑风生，茅屋台阶

a　　　　　　　　　b　　　　　　　　　c

图3 (宋)马和之(传)，《豳风》图卷(部分)细部分析

下有备用的食物和酿制的新酒。屋前平地上是吹拉弹唱的乐人和立于树下观赏的平民。对应《七月》最后一段，画卷正描绘了人们祭祀的场景，即宰杀牛羊，"献羔祭韭"，供于公堂之上，取出美酒（许正是前文所说的"春酒"），与亲友举杯，"朋酒斯飨"，把酒言欢，齐祝"万寿无疆"。

马和之在这里同样择取小景，以具有叙事性的文字为基点，表现了西周宴饮欢庆的场景。无独有偶，《豳风》七篇，除《七月》之外的图卷画篇内同样可提炼反映古人农事生活的绘画小景。比如《伐柯》一节，马和之简单勾勒了农人卷起衣袖、手持斧头，准备砍伐的场景，画作内容直观生动（见图4）。在《豳风》七篇甚至整个"国风"部分，《七月》是最为集中描绘农家食宿生活的一篇，作者从七月开始，以有序的时间叙事，按月吟诵，循序梳理出一条春秋迭代的诗歌线索。

图4　（宋）马和之（传），《豳风》图卷（部分）之《伐柯》

如此，诗文所及对应画作的笔墨细描，营造了诗画相系的艺术空间，以宋人之眼勾绘出西周先祖的饮食宴飨，从农耕到酒宴，细致却不繁琐，如同亲近的密友在向我们耳语着过往的家长里短。画之灵动与诗之朴拙相得益彰，《诗经》与《诗经》图卷之美令人感喟不已。如此看来，"诗中有画，画中有诗"一句应也足以移用至宋人马和之的这一卷旷世画作了。

（三）钟鸣鼎食

通过《豳风·七月》及宋人马和之的图卷，我们大体知道了三千年前的古人吃什么和做什么。但仅以直观读图的方式来感受周王朝时山间农夫的"日出而作，日落而息"，似乎也并不尽意，从图像中提取的线索确实并不止步于此。

丰富的农事和食事更生动地体现在平民阶层。我们上文节选的《七月》片段中，就出现了黍、稷、稻、菽这些食物，也就是我们日常所说的高粱、水稻和大豆。据统计，整部《诗经》中提到的主食有粟、麦、来、牟、黍、稷、稻、粱、菽、麻、菰、重、苞等十多种；其他野果、野菜更不胜枚举——食材之多，不可谓不丰！其中"菽"在《诗经》中出现的频次尤高，这是古代豆类总称，有时也专指大豆，比如《小雅·采菽》有句"采菽采菽，筐之莒之"，《小雅·小宛》有句"中原有菽，庶民采之"等。

然而，大豆又不仅仅是大豆而已——"菽"，在先秦文化中似另有附加意蕴。

儒家典籍曾多次记载孔子曰，"啜菽饮水，尽其欢，斯之谓孝"。什么意思呢？原来"菽"作为人们日常餐桌上的必备主食，人们不可须臾离之，于是古人便将"能否辨别菽麦"作为判断人智力健全与常识积累的标准。所以孔子说，能吃菽喝水，并乐在其中的人，算是有孝心的人。可见先秦时期，大豆的食用已经相当普遍。即便在现代社会，大豆及豆科植物作为"五谷"之一，也一直深受人们喜爱与依赖。

值得注意的是，古人不仅能够取材于自然，还学会了如何处理这些自然食材，以为己用。例如，《七月》中谈到"十月获稻，为此春酒"，可知西周时期已经萌芽了酿酒制酒的工艺。说到喝酒、造酒，脑海中便浮现出曹操《短歌行》中那句脍炙人口的高吟："何以解忧？唯有杜康。"我们都知道，"杜康"指的是美酒佳酿，《说文解字》中解释"杜康"即少康，以造酒而闻名于后世，但历代研究者"不知杜康何世人，而古今多言其始造酒也"（《事物纪原》）。如此，便止不住奇思妙想起来：若不去细究他造的是什么酒，这"始造酒"的杜康，莫不是"诗经时代"的乡野农夫不成？

如果将目光聚集到《诗经》之"雅""颂"部分，我们还会发现《诗经》所述的时代真正是一个"钟鸣鼎食"的时代——这主要是就食器和炊煮器的发

展而言的。典型的例子如《周颂·丝衣》中"鼐鼎及鼒"一句，提到不同体积
的鼎："鼐"为大鼎，"鼒"为小鼎（见图5）。这说明在宴飨、祭祀等重要场
合中，人们已经有意识地区分同种炊煮器皿的不同形制了。这样的例子不
胜枚举，"国风"部分也有相关内容，比如上文引用的《七月》（分析段三）
中一句："跻彼公堂，称彼兕觥，万寿无疆！""兕觥"就是一种酒器，在
《诗经》中屡见不鲜，该器铜制兕形，椭圆形制，有流有鋬，盖为带角的兽
头形（见图6）。这些饮食器皿较多出现于祭祀仪礼的场合，代表了贵族阶
层统领下的匠造工艺、饮食观念与仪礼规范。无论是日常宴饮、亲朋小聚
还是祭祀仪典，古人的农事、食事活动显然比我们设想的要丰富精彩得
多，食材应季纷繁，食器精工细作。

图5　大盂鼎，西周

图6　凤鸟纹兕觥，西周

　　梳理中国美学史时，李泽厚先生曾极言味觉本能所带来的感官直觉与
艺术体验，"从人类审美意识的发展史来看，味觉的感受起着重要作用，
因为它最明显地表现了美感所具有的一些重要特征（直觉性、超功利性、
个人爱好的差异性等）"。味觉的重要性在这里是超越视觉或嗅觉的，尤其
是在笃信"神嗜饮食"（《大雅·楚茨》）的前文明时代，从食物和餐桌上萌
发朴素的美学思想，是合情合理的推论。从中国早期诗歌到绘画，从《诗

经》到"诗经图"，我们顺藤摸瓜地体悟到先秦时期饮食生活的美学萌芽。漫步画卷，我们似乎也体验了一轮千百年前先祖们的春秋冬夏。劳作和宴饮的声响逐渐从诗经图泛黄的纸页中褪去，我们从细腻的笔墨间抽身而出，又频频回头遥望，画中人似乎也正向我们挥手作别，他日相会有期，愿我们也能亲切地互问一句"饭否？"——即便这是来自三千年前的古老问候。

参考文献

[1]扬之水：《马和之诗经图》，《中国典籍与文化》2012 年第 1 期。

[2]陆颖：《工艺美学视角下的〈诗经〉饮食诗》，《楚雄师范学院学报》2015 年第 8 期。

[3]赵荣光：《中国饮食文化史》，上海：上海人民出版社，2014 年。

[4]李泽厚：《美的历程》，北京：生活·读书·新知三联书店，2017 年。

跻彼公堂，称彼兕觥，万寿无疆！

爰求柔桑：青铜酒器上的采桑与射牲

遵彼微行，爰求柔桑。

——《诗经·豳风·七月》

1965 年，"山雨欲来风满楼"的年代，在四川省成都市一个叫做"百花潭"的小镇上，发生了惊天动地的大事儿。

那是一所平平无奇的中学，上课铃声滞涩但缓缓地按时响起，孩子们还在操场上嬉戏打闹，老师们扯着嗓子在走廊上训诫，看起来一切如常。谁也不曾料想在他们日复一日踩踏的泥土地底下，沉睡着一个战国中晚期的木椁墓，墓葬中藏着一件国宝级的艺术鸿制——"嵌错宴乐采桑攻战纹壶"——来自战国时代的青铜酒器(见图 1)。

图 1　嵌错宴乐采桑攻战纹壶，战国中晚期，四川博物院藏

在这柄青铜酒器的壶身中，我们欣喜地看到采桑和射牲的图纹。却不知，在图像的神秘世界中，采桑并不决然为了蚕织，射牲也并不完全为了食用。

（一）酒与酒器

在我们眼前的这件青铜壶通高 40 厘米，口径 13.4 厘米，侈口、斜肩、鼓腹、圈足，肩上有兽面衔环。盖面微拱，以卷云纹、圆圈纹及兽纹作为装饰，盖上有三枚鸭形钮鼎立。壶身满饰嵌错图纹，图像紧凑，内容丰富。所谓的"嵌错"指的是在已经铸造完成的青铜器表面嵌入其他材料的碎片，再用"错石"在器皿表面磨平，从而形成的固定的纹饰、图形或者文字。《诗经·小雅·鹤鸣》中有句"他山之石，可以为错"，大致就是指嵌错工艺中需要用到的错石。

在博物馆，我们隔着厚重的玻璃，与壶身上的小人们面面相觑，这些与我们相隔千年的图像，无声地载录了战国人的战争呼喊、觥筹交错、风生谈笑和林间歌谣。与这些小人儿们亲近对话之前，我们首先知道了战国时期有酒、有酒器，古人愿以青铜之材质、嵌错之工艺来打造酒壶，不厌其烦地精雕细琢，也意味着青铜酒器本身承载了上古文化、政治和艺术内涵。

人类真正制酒的历史必然早于文字的记录。有趣的是，古人曾认为猿猴会造酒，文献中有"猿酒""猴酒"的记载，我们可以视之为酿酒最早启蒙于大自然的偶然事件：猿猴在水果成熟的季节将含糖量较高的水果大量贮藏在洞穴或石洼中，久而久之，浆果中的糖分被酵母菌分解和发酵，不经意间析出了酒酿。

古史中较早的酿酒记录出现于《酒诰》，对酒的初始记录倒也与之有相通之处："酒之所兴，肇自上皇。或云仪狄，一曰杜康。有饭不尽，委余空桑，积郁成味，久蓄气芳，本出于此，不由奇方。"依文中所说，酒的发现源于"上皇"，这位"上皇"有人说是仪狄，也有人说是杜康，这两位都是古史传说中的人物，虽散见于《吕氏春秋》《战国策》等先秦典籍，但生卒年月与在世事迹均难以考据了。现代人由于曹操《短歌行》中名句流传，惯于将杜康和美酒联系起来。那么，我们就可以这样来理解《酒诰》中说的这个小故事了：杜康（上皇）吃饭没有吃完，将剩饭存放在桑树的空枝树洞内，时间一长，米饭发酵，散发出迷人芳香，于是无意间发现了酒。

到了周代，用谷芽制饴成为生活中的自然现象，所以《诗经·大雅·绵》中会出现"周原膴膴，堇荼如饴"的记载，大意是说，岐周的原野上芳草肥美，堇葵与苦菜也像糖类那般甘甜。先祖在至迟距今三千年左右已经发现了糖类，并且学会了使用蘖[1]来酿酒。

春秋战国时期，统治阶级已经允许酒的市场化经营，饮酒活动大范围世俗化，酒肆大盛，制酒活动已经有了规模化和体系化的运作。自此，醇酒的芳香和酒肆的劳动号子一起，摇摇晃晃潜入幽深小巷，飘入了寻常人家。我国的青铜工艺在商周时期到达巅峰，以青铜制作的盛器至少有三十余种之多，其中，壶是常见的装盛酒饮或其他食物的容器（见图2）。

我们不禁发问：早在春秋战国时期，以高昂的制作成本与繁复的嵌错工艺，来制作一把酒壶，仅仅只为日常饮酒之用吗？酒器之用，应不止于制酒、盛酒和饮酒的日常宴饮吧？

（二）采桑三解

这一把精美绝伦的嵌错宴乐采桑攻战纹壶究竟有哪些用途？答案只能先从壶身的嵌错图纹中去寻找——

将壶身上的嵌错图像缓缓展开，两百多个人物从已然暗淡的壶面中显形，隔着三角云纹的界带，从上至下，我们看到了三层嵌错纹：上层为采桑射牲图，中层为宴乐弋射图，下层为水陆攻战图。零零总总，壶身图像

1　蘖，殷商武丁时期人们发现的酿酒之曲。

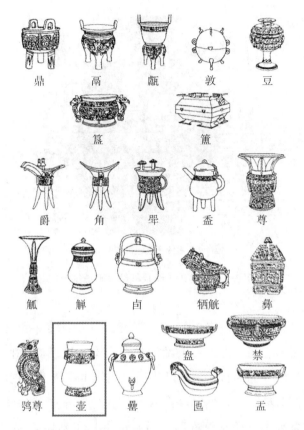

鼎　鬲　甗　敦　豆

簋　簠

爵　角　斝　盉　尊

觚　觯　卣　牺觥　彝

鸮尊　壶　罍　匜　盂

　　　　盘　禁

图 2　商周青铜器表（图片出自［英］迈克尔·苏立文：《中国
　　　艺术史》，徐坚译，上海：上海人民出版社，2019年。）

涉及采桑、宴乐、射猎、攻城、水战的主题，人物栩栩如生，线条柔和生
动（见图 3）。

　　彼时，写实性和叙事性很强的青铜嵌错工艺为文化风潮，搁在当下来
看，也依然令人惊叹，着实为中国青铜工艺与古代艺术史的瑰宝。无怪
乎，古人记录中说道，自从镶嵌错金技术出现后，"有羽人飞兽之跃进，
附丽于器物之动物，多用写实而生动之气韵"。以"气韵生动"四字作结，
诚不我欺。

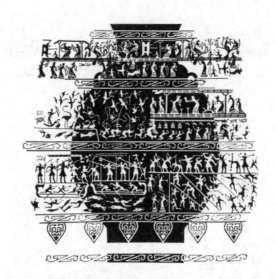

图3　嵌错宴乐采桑攻战纹壶平铺细节图

　　祖先们对桑树的喜爱与依赖溢于言表，一方面桑叶和桑葚是极好的医用、食用材料，另一方面，蚕桑活动在先秦时期已经是种植业的重要组成部分。虽然我们尚且无法推断出蚕丝制作生产技术出现的确切年代，但最晚在殷商时期，先祖们已经能够利用蚕丝制作精美的丝绸品了。商代和西周的墓葬中，都发现过形象逼真的蚕形玉器陪葬品。到了"礼崩乐坏"的春秋战国时期，旧制崩坏，百废待举，但也反向滋生并助长了新的艺术与文化现象，青铜礼器的艺术风格在此时变得更加繁花似锦，极尽奢靡。

　　中国是世界上最早养蚕、种桑、缫丝的国家。在汉代，蚕桑纺织已经十分常见。采桑和射牲一直是青铜画像与汉画像石上的常见内容，这些图像经过精妙的空间排布与边界组合，整体纹饰紧凑，线条舒展，人物灵动。李学勤先生认为，这些图像纹饰的流行，最早出现在春秋末期至战国前期。人们对采桑活动的热衷确实可从《史记》记载的民间故事中找到踪迹：春秋末年，吴国和楚国进行了一场恶战，战争的导火线竟是两国边境地区的女子争夺桑林。由此，我们推测"桑"在上古年代，对治国、民生和文化的发展都有重要意义。

从这座嵌错宴乐采桑攻战纹壶的壶纹中，我们看到第一层图像有非常明晰的女子采桑纹饰。发掘者认为，该组图像重现了战国时期的采桑情景：上部有两组采桑纹，每组两株，每株都有一人或两人分工完成（见图4）。人们或将竹篓悬挂于桑枝之上，相互辅佐爬上桑枝采摘；或两人分工，一人采桑，一人在树下接应，分工明确。桑枝柔美，呼应于采桑女柔和的身体线条，生动细腻地刻绘出《诗经》中"女执懿筐，遵彼微行，爱求柔桑"的采桑农耕画面。结合整体壶纹的上下层关系，以及宴饮、射猎等图像主题的组合出现，对采桑纹饰的解读有了不同的阐释：

图4　第一层采桑射牲图

①采桑农事之说：有学者认为宫苑中射鸟和狩猎的活动，证明了宴乐桑猎画像上各种日常活动的世俗性和娱乐性，认为画像中的鸟、兽、草、木，只是贵族生活的日常写照。那么，采桑只是农耕生活中的日常集体活动。

②男女相诱相亲之说：也有人认为，采桑活动除了农事的性质之外，还指向春季节令之时的男欢女爱之事，而这确乎也能从古籍文献中找到蛛丝马迹，比如《礼记·乐记》中记载"桑间濮上之音，亡国之音也"。"桑间濮上"就是春季男女欢爱的风俗写照。春秋战国期间，民间依然留有一些早期人类的原始遗风，每逢"上巳""春社"等时令，男女群集，在桑林间劳作并欢爱。如此，礼器上出现的采桑纹就是一种早期先民的社会风俗画。"会男女"的礼俗在《周礼·地官·司徒》也

有记载，时间在"仲春之月"，地点正是社祭场所，即祭祀场所。

③祭祀高禖之说：另有学者指出青铜画像中的树、鸟、动物、人物等内容都与神巫活动相关，是早期人类通天的某种途径。这种说法是与情爱之说密切相关的，男女欢爱的社会风气结合每年春季的采桑农耕活动，似乎也与远古人们渴求多子的生殖崇拜脱不开干系。

以上线索和猜测首先来自《墨子·明鬼》，其中有句"燕之有祖泽，当齐之社稷、宋之桑林、楚之云梦。此男女所属乐而观也。"也就是说对燕国、齐国、宋国、楚国这些不同国家而言，"祖泽""社稷""桑林"和"云梦"属于同等重要的家国大事。我们不禁困惑，作为"男女所属"之乐事，"桑林"竟然如此重要吗？古人认为，国之大事，在祀与戎，莫非"采桑"行为与祭祀有关联？至此，便不难理解学者们的猜测，认为采桑纹饰所描绘的画面极有可能反映了古代的祭祀活动。只是不知，这究竟是怎样一幅祭祀活动场景呢？

春秋战国，那是一个征伐不断的大变革年代，农业、纺织业、科技、军事都进入了黄金发展时期，日耕夜作，生生不息。这是一个特殊的清晨，春日的暖阳从树叶的缝隙间射入，初春的鸟鸣远近不绝，忙碌的族人们陆续从睡梦中醒来，人丁集聚，饮食齐备。城外探头探脑的乡民隐约听得，悠远的雅乐之声从祭台方向传出来，编钟鼓点的敲击伴随着林间走兽被捕获时发出的哀鸣。主祭者(巫觋)身着五彩的长袍，一步三跳地在祭台上起舞，祭台近处是主人的宴厅，统治部族的家族成员们依次围坐，或觥筹交错，或斟酌畅饮，或左右交耳，或远眺默祷。祭台的外围是成片的桑林与猎场，青年男女们陆续往来于桑林，三两一簇，相互配合，采桑运送；壮丁们腰间佩剑，循着有节律的战鼓声，骑射狩猎，箭出弓弦，刺中飞禽。极目远眺，但见天高云阔，川泽繁茂，整个部族为这一天做了整整一年的准备。

——为了在这一天"祭祀高禖"。

（三）神话之维

说到这里，我们已经可以做出一个阶段性假设——采桑并非只为了桑叶的食用或蚕丝的制作，而是为了某种固定的祭祀仪礼，即"祭祀高禖"。

"高禖"是上古时期管理婚姻和生育的神，又称为"郊禖"，因供于郊外而得名。先民们每逢春季万物生长的时节，祭高禖、会男女，多是出于生命的繁殖与种族的延续，或求子，或求偶。祭祀高禖之说的理据主要基于以下两个方面。

一方面，"桑"的意象在上古时代具有特殊意涵。早在殷商时代，"桑林"崇拜作为生命力与生殖力的象征，一直是殷商民族及古代其他若干民族祭祀祖先神明的圣地。据载，上古时期甚至存在一个部族专门以"桑"为图腾。黄帝、少昊、蚩尤等神话人物也大多与"空桑""穷桑"发生关联，最为我们熟知的"日出扶桑""空桑生人"等神话故事，也多将"桑"的强大生殖力与世间的鸿蒙或人间的繁衍结合在一起。《周易》"否"卦中，有"其亡，其亡，系于苞桑"的爻辞，虽然后人对这句九五爻辞的阐释多有争论，但"苞桑"（意指繁盛的桑林）在上古时期的重要性已可窥知一二。如此，古时桑林崇拜的产生和桑树生人的神话流传，似也不足为怪了。

纵观我们的文学史和艺术史，生动描绘"采桑"主题并进行再创造的作品，更是屡见不鲜。从汉乐府的《陌上桑》到唐宋诗词中的"采桑子"，大多描绘出一幅清气氤氲的山林极乐画面，绿水逶迤，芳草长堤，隐隐笙歌处处随。而当我们推溯采桑的上古意象，以神话思维度量这一项再普通不过的农耕活动时，一切似乎显得不同起来。那些带有神秘色彩的上古采桑神话，如同水墨画中随着微风盈盈摆动的岸边萱草，在我们偶尔的回眸中散发出熠熠金光，透露着强大的吸引力，促人一探究竟，令人流连不已。

伴随着采桑行为的仪礼化阐释，东方创世神话及初民祭祀活动，逐渐浮出水面。早期艺术图像中对桑树的刻绘更是屡见不鲜，有别于我们在嵌错宴乐采桑攻战纹壶上看到的男女集体采桑画面，在汉武梁祠画像浮雕石上描绘的场景，有微妙的差异，因为在这里，巨大的桑树摇身一变成为上古神树，连接着我们生存的现世与死后的彼岸世界。

在武梁祠祠堂左侧墓室的浮雕上，我们看到一棵庞大的扶桑树（见图5），在扶桑枝干的梢头，有十只赤乌代表十个炙烤着大地的太阳。传闻后羿射日，立于扶桑之上，不慎将枝干压折，因此导致了三界沟通不畅，引发争端。在中国古代神话中，扶桑树是由两棵相互扶持的大桑树组成的，《山海经》记载"汤谷上有扶桑，十日所浴，在黑齿北"。扶桑生长在东方的海域，连接着人界、冥界、神界的通路，太阳女神羲和每天从扶桑所在的极东之域驾车升起，这就是"日出扶桑"的神话来源。

图5 东汉武梁祠画像石中的后羿、扶桑、拜谒图像拓片（图片源自［美］巫鸿：《武梁祠：中国古代画像艺术的思想性》，柳杨等译，北京：生活·读书·新知三联书店，2015年。）

武梁祠左室浮雕拓片的图像中还描绘了猴子、鸟和其他代有祥瑞之意的动物，穿插在扶桑树的枝干之间。相传，这样的场景更有助于死者从现世世界渡到灵魂世界，生命轮回，再生再造。后人将"日出扶桑"的神话故事与万物的苏醒、生命的繁殖和部族的生殖繁衍结合起来，桑树也由此在后世成为"祭祀高禖"的一个重要仪式对象。

回到百花潭出土的嵌错宴乐采桑攻战纹壶，当我们以神化的视角来重新看待战国时期少男少女们齐聚桑林的采桑活动，便能更强烈地确信"祭祀高禖"的祭祀活动之可信，尤其当我们把采桑活动视作一种祭祀典礼上的固有环节时，"祭祀高禖"之说带着来自上古时期的神圣光环，显得不可辩驳。

"祭祀说"的另一个有力证据是壶身图纹中的内容搭配，也就在第一层图像中与"采桑"图纹组合出现的图案——"射牲"。祭祀活动中诗、乐、舞合一，包括饮食供奉与仪典环节。《礼记·月令》对"祠于高禖"的古俗有一段文字记载，说的是"仲春之月，……玄鸟至，至之月，以大牢祠于高禖，天子亲往……带以弓韣，授以弓矢，于高禖之前。"意思是：等到仲春时节，万物滋生，玄鸟飞回部族，在这个月份，要以"大牢"来祭祀高禖，在高禖前，人们要佩戴弓箭。巧的是，在第一层采桑射牲图中，佩戴弓箭的男子及用以献祭的"大牢"都有生动的呈现(见图6)。

图6　左：采桑细节图；右：射牲细节图

什么是"大牢"？大牢，也称为"太牢"，指的是祭祀时使用的牛、羊、豕三牲。在壶身图纹中，我们看到采桑图的下方，四名男子有序排列，均手持弓箭，作蓄势待发之姿；另有弓箭手单膝跪地，身旁是已经被射落的飞禽与牲畜。虽然我们看形状暂且无法辨别图案中的走兽是否为"牢"，但射牲的主题与采桑图纹的并置出现，是毋庸置疑的。

如果我们将图像主题组合起来观赏，就发现"祭祀高禖"的说法将"采桑"与"射牲"这两个青铜嵌纹中常见的主题合理地并置到了一起。结合上古时期的扶桑神话，图像内容本身竟也被渲染出了强烈的仪式感与神秘感。如此一来，似乎也能合情合理地解释了我们最初的疑问：战国先祖们为什么要耗费极大的劳力，动用复杂的嵌错工艺，来制作一把精雕细琢的酒壶？而这把酒壶上的纹饰，难道真的只是用作简单的内容叙事吗？

行文至此，我们更愿意相信，这并不是一把直接用于日常饮酒的简单酒壶，曾经富丽堂皇的它，或许在某些固定的祭祀仪式上承载着重要的仪礼性功用与象征性含义，这些象征性含义或许包含了上古时期人们对多子和繁衍的美好期待。所以，"采桑"并非用于简单的食用或蚕织，"射牲"也并不是为了纯粹的肉食，这些细腻柔和的线条被镌刻在冰冷的青铜上，跨过许多个时代的风沙和土壤，向我们诉说着上古先民们淳朴且隆重的祭祀行为。

让我们回到一九六零年代，那个挖掘出嵌错宴乐采桑攻战纹壶的百花潭小镇，当时挖出这件古物的发掘者，或许不会想到，这把看起来黑漆漆的青铜壶曾见证过某个西南部族的举国大事，它曾经作为珍贵的宝器被置于案台，聆听过主祭者咿咿呀呀的祷文，承载过一整个邦国的希冀与愿景。只是时光荏苒，埋于地底的千百个日日夜夜让它褪去了昔日的光彩。我们通过这样那样的一些自以为是的猜测，试图与它拉近距离，去亲近、去聆听、去凝望，来自战国时代的丰美桑田、征伐呐喊，以及某个城邦部族的兴衰存亡。

📝 参考文献

[1] 李学勤：《新出青铜器研究》，北京：人民美术出版社，2016 年。

[2] [美] 罗伯特·贝格利：《罗越与中国青铜器研究：艺术史中的风格与分类》，王海城译，杭州：浙江大学出版社，2019 年。

[3] [英] 迈克尔·苏立文：《中国艺术史》，徐坚译，上海：上海人民出版社，2019 年。

[4] [美] 巫鸿：《武梁祠：中国古代画像艺术的思想性》，柳杨等译，北京：生活·读书·新知三联书店，2015 年。

罗敷喜蚕桑，采桑城南隅。

青丝为笼系，桂枝为笼钩。

头上倭堕髻，耳中明月珠。

鱼跃鸢飞：汉画像石中的鸟啄鱼

> ……鱼上冰，獭祭鱼，鸿雁来。
>
> ——《礼记·月令》

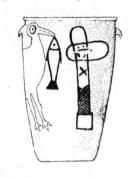

序言

5.3亿年前的寒武纪时期，地球上出现了第一种鱼。鱼类是最古老的脊椎动物，它们几乎栖居于地球上所有的水生环境。在这颗蓝色星球上，鱼类的生存历史比人类更漫长。在古老的鱼类面前，人类应当谦逊且恭敬，毕竟"鱼的故事"并不简单。

追溯至史前文明，鱼类的长相和我们现在见到的可不太一样。从残存的断句残章中，我们捕捉到原始鱼类的一些蛛丝马迹。《山海经》这部先秦神话奇书中，记载了大量奇形怪状的鱼类，例如人鱼"其状如鲐鱼四足，其音如婴儿，食之无痴疾"，陵鱼"人面、手、足，鱼身"（见图1）。距今六千多年的半坡遗址出土了大量饰有鱼纹的炊煮装盛器皿，如最典型的人面鱼纹彩陶盆（见图2）。这意味着早在史前时期，鱼已经进入我们祖先的日常生活。我国的第一部诗歌总集《诗经》记载的"鱼"类相关内容出现了30余次之多，文中涉及的鱼类有20余种，包括鲂、鳟、鲔、鲤等。

人鱼 状如鳎鱼，四足，音如　　**陵鱼** 人面、手、足，鱼身。
婴儿，食之疗痴。出决决之水。　　在海中。

图 1　《山海经》记载的鱼类（图片源自清·吴任臣撰，栾保群

点校：《山海经广注》，北京：中华书局，2020 年。）

图 2　人面鱼纹彩陶盆，新石器时代，西
安半坡出土，中国国家博物馆藏

中国人捕鱼、吃鱼的历史源远流长，鱼一直是我们餐桌上的常见食
物。人们用蒸、炸、煎、煮等现代技巧烹饪鲤鱼、草鱼、鲫鱼、鳜鱼、黄
鱼、带鱼、平鱼……制作出一道道鲜美的珍馐。

古人对吃鱼的喜爱完全可以媲美现代人。诗仙李白，我们熟悉的这位
唐玄宗身边最红的诗人，也不乏极美之词盛赞宫廷鱼脍："吹箫舞彩凤，
酌醴脍神鱼。千金买一醉，取乐不求余。"其中"酌醴脍神鱼"说的是一道唐

代宫廷御菜"金齑玉脍"，其实也就是现代生活中通俗所称的生鱼片蘸酱："金齑"是添加了橘皮和粟黄的酱汁，呈金黄色泽；"玉脍"指的是如同玉石般润泽的白色生鱼片，鱼脍之风在唐朝时期达到了顶峰。有趣的是，唐明皇明令禁止民间打捕鲤鱼，甚至出台了专门的禁渔令——"国朝律，取得鲤鱼即宜放。仍不得吃，号赤鱼军公，卖者杖六十。"由于鲤鱼和李唐王朝同姓同音，根据唐朝国家律令，逮捕到鲤鱼必须放生，私下捕捉并售卖鲤鱼者，轻则六十大板，重则身首异处。如此有国家地位的鱼种，在中国历史上大概也就非鲤鱼莫属了。

作为中华食学的重要组成部分，食鱼文化也早已深入寻常百姓家，比如人们描绘淮阳菜的多样性时，说"春有刀鲚，夏有鲖，秋有肥鸭，冬有蔬"，光鱼类就占了春夏两季。古人猎鱼、捕鱼、钓鱼的方法也纷繁多样。各类材质的鱼叉、鱼钩、鱼卡等原始猎鱼工具，经常是博物馆的座上宾。说到古人钓鱼，我们脑海中的画面或者是醉翁之意不在酒的姜太公，或者是"独钓寒江雪"的孤舟蓑笠翁（见图3）。从马远《寒江独钓图》细部，我们惊喜地看到这位江心独钓的老者手持钓竿，竿部有精细的线圈装置，体现了古人垂钓渔具的专业度和技术性。唐人皮日休就曾在诗中盛赞渔具的便利，说"角柄孤轮细腻轻，翠篷十载伴君行"，诗文中"角柄""孤轮"的出现意味着人们对定滑轮原理的活用早已深入日常渔猎与休闲活动中了。

图3　(宋)马远，《寒江独钓图》局部及钓竿细部，日本东京国立美术馆藏

事实上，古人的原始渔猎方式已经非常多样，他们择水而居，或铺撒渔网，或以工具叉鱼，或训练鸬鹚等鸟类啄鱼……鱼和捕鱼的主题，在汉代画像石中有更集中且生动的体现，细数这些画像石，我们还发现在这些冰冷且残缺的石块上，往往有体态各异的"鸟"类和"鱼"类并置出现。光阴之河悠悠，石不语，而静水流深。透过汉代画像石的拓本，我们仿佛看到鸟儿飞翔在云端，听到鱼儿扑腾出江面，一派"鸢飞戾天，鱼跃于渊"的汉代王朝气象。

（一）捕鱼之法

汉代捕鱼涉猎范围广，鱼种繁多，且渔具和捕鱼技术都较之前有了明显的进步。汉赋《蜀都赋》描绘了蜀地风物，写到水产时，说浅湿处有各种水鸟，深处有各种鱼鳖，行文中，涉及不少现代人看来颇为生涩的鱼鳖鸟兽之名：

> ……其中则有鼋鼍巨鳖，鳣鲤鱮鮦，鲔鲵鳢鲨，修额短项，大口折鼻，诡类殊种。鸟则鹔鹴鸹鸨，鵁鹅鸿鶂。

汉代鱼类之多，令人眼花缭乱。同样纷繁多样的，是汉人五花八门的捕鱼方法，这些捕鱼法被悉数记载于画像石、画像砖上。我们首先看到的，是出土于河南南阳的东汉画像石（见图4），图像呈现了两种常见的大规模渔猎方法：罩鱼和网鱼。画像中部拱形土坡（或拱桥）下方有一片鱼塘，两位渔人泛舟水上，一位立于船尾撑桨，一位立于船头对着湖面扔下鱼罩，这便是罩鱼之法。同时，在半拱形土坡之上，另有两人合力各持杆，将渔网平铺于水面上，等鱼游入网中时，两人奋力提网捕鱼，这便是以渔网捕鱼。

以罩捕鱼是汉画像石中较多见的渔猎方式，山东微山、临沂、沂南等地出土的画像石中都有同类画像出现，可见罩鱼之法的流行。通常来说，

图 4　东汉画像石捕鱼图，河南南阳出土

罩具由竹条编织成形，底部敞开，罩口收拢，渔人们将罩子浸入水中，等鱼游进罩中后，再伸手进去把鱼抓出，因此我们也经常看到执罩者卷着袖口和裤管，身上还背着一个小鱼篓。山东苍山出土的另一组画像更清晰地呈现了汉人罩鱼和叉鱼的活动（见图 5）。画像中不仅有人弯腰罩鱼，还有渔人直接下水，手持长柄鱼叉，在桥下叉鱼。与忙碌的渔猎者相伴的，是图像正中下方的渔船，船首与船尾各有一人划桨。舟上另坐两人，或许是渔夫们的劳作监工，渔人们将捕获的大量河鱼统一上缴至渔船，接受统治阶级的督察。

图 5　东汉画像石捕鱼图及罩鱼细部，山东苍山出土

钓鱼也是汉画像石中常见的捕鱼场景。前文说到马远的《寒江独钓图》中，独钓者别有匠心地在鱼竿一端安装了线圈。在梳理画像石和画像砖时，我们也在东汉画像中看到了泛舟独钓者的形象，船上渔人手持钓竿，正将一尾肥鱼拉出水面，鱼竿上同样装有圈轮（见图 6），范仲淹在《江上渔者》一诗中写：“江上往来人，但爱鲈鱼美。不知竿上车，身世满风尘。”

这里所说的"竿上车"指的大约就是这鱼竿上的"钓车"装置，对应于画像中的圆圈，线条 X 形则表示钓车辘轳的辐。若果真如此，我们可以推测，至晚在东汉时期，祖先们已经学会使用抛竿钓鱼的方式了。无怪乎，皮日休写了一首名为《钓车》的诗，"得乐湖海志，不厌华耨小。月中抛一声，惊起滩上鸟。"这两句说的是，月下泛舟湖面，舟上的人向湖心"抛"了什么东西，惊起了水滩上的群鸟。抛出去的是什么东西呢？我们可以合情合理地猜测，月下垂钓者抛出了自己的钓竿鱼饵——"噗通"一声。

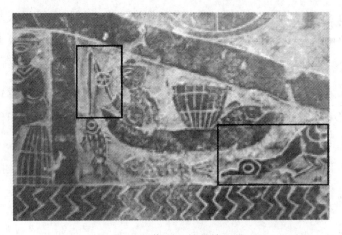

图 6　汉画像石上的垂钓工具

当然，也并不是所有钓鱼者都能够用上高级的定滑轮装置，平民渔人们更惯常使用的是简单的竹钓竿或木鱼叉。出土于四川彭县的东汉画像砖（见图 7）描绘了一幅青山碧水之景，画像上层是两人泛舟水上，一人撑筏，一人半蹲捉鱼，水中依次刻绘了鱼虾龟鳖，可见水产种类之丰；图像下层是连线的山峦土丘，左侧残缺处有一垂钓者，手持鱼叉（也有人认为是钓竿），身旁伴有展翅欲飞的"鱼鹰"。细心的读者会发现，在上一幅画像石中，也有水鸟状的动物出现在水面（见图 6 框内），它探头探脑地俯身伸长着脖子，正在追捕一尾逃遁于水波中的大肥鱼，线条稚拙，憨态可掬，这大约也是被渔人训练捕鱼的"鱼鹰"。

图 7　东汉画像砖捕鱼图，四川彭县出土

"鱼鹰"是什么？是鱼，还是鹰呢？

(二) 鸟啄鱼

鱼鸟图是汉代文物上常见的装饰图纹之一，汉画像石常有鱼鸟同时出现的并置情况，通常以一鱼一鸟或一鱼二鸟为组合出现。如图中所示的秦汉瓦当，就使用了鱼鸟同出的固定图像形式(见图8)。

图 8　鱼鸟同出瓦当　左：二鸟衔鱼瓦当；右：鸟啄鱼瓦当(图片源自中国画像石全集编辑委员会：《中国画像石全集》，济南：山东美术出版社，2000年。)

鱼鸟图中，鱼和鸟的类别较为多样，可以辨认的鱼类多以鲤鱼为主，鸟类则包括鹤、鹳、凤、雁等，当然也包括"鱼鹰"。鱼鹰，学名鸬鹚，擅长啄鱼。早在新石器时代，人们已经学会驯养鸬鹚，专门用以捕鱼了。在仰韶文化遗址出土的器物中，就发现过大量水鸟捕鱼的图纹。有人认为鱼鸟图像的频繁出现，是汉代日常渔猎生活的典型缩影，也有人认为是出于追求吉祥寓意的美好愿望，因为鸟和鱼为瑞兽，鱼音"余"，有富余、富裕的美意。

然而，水鸟啄鱼的内涵绝不仅限于此，为什么这么说呢？

我们来看一看发现于四川省泸州市的汉代石棺墓群。墓群中有一座位于合江县的东汉砖墓室，长2.24米，宽0.78米，高0.84米，与石棺一同发现的随葬品有水田模型、五铢钱等。在石棺侧壁上，我们看到一幅人物叙谈图(见图9)，图像右侧有四人站立，中间两人身形较大，面面相对，作沟通交流状，外侧二人躬身作揖。图像左侧是一只雀鸟，双翼展开，口衔飞鱼。雀鸟的体型庞大，雀身长69厘米，高18厘米，颈长23.6厘米，将大型朱雀啄鱼的图像并置于人物叙谈图之侧，似别有用意，并非简单的日常渔猎可解。《中国画像石全集》对这幅图像内容解释如下：

图9　泸州十二号石棺画像石《叙谈图》

石棺一侧。左为朱雀啄鱼，右刻相欢图。中二人皆手置胸前，相互牵拉着，为男女主人相欢之情。右一人戴冠长服，左一人有髻，为侍者。

在古人的认知中，鸟通常指太阳鸟。鱼鸟图中出现的各种鸟类属阳，可视之为阳鸟。比如李善在注释《文选》时说"《相鹤经》云：'鹤，阳鸟也，因金气，依火精。'"而鱼出于水，属阴，在闻一多先生看来，古人以鱼暗指配偶，这是一种隐语。他在《说鱼》一文中作结时，认为"用鱼来象征配偶，除了它的繁殖功能，似乎没有更好的解释"。若如此，则鱼属阴，鸟属阳，鱼鸟并置隐喻男女阴阳交合。

这种说法虽听来略觉突兀，但文史上却有据可循。比如干宝的《搜神记》中记载，在太康年间，有两条鲤鱼出现在武库，因为鱼属阴，因此有一定的象征意义，干宝写"……鱼既极阴，屋上太阳，鱼现屋上，象至阴以兵革之祸以干太阳也"。这么说来，鱼鸟画像出现在男女人像之侧，确有阴阳和合的隐义了。

同样，泸州十一号石棺的画像石中，一鱼二鸟的组合形式应当也可作阴阳交合之解（见图10）。这或许也是为什么鱼鸟图常与人像叙谈图结合在一起的原因。这个石棺刻像中，"右为菱形纹图案，中刻双鹭啄鱼，形态生动，左为男女相握，作交谈状。"以鱼鸟呼应男女，也便显得顺理成章起来。

图10　泸州十一号石棺画像石拓本《鹭啄鱼》

但是，图像中的人物并非总是寻欢的男女，行为怪诞、装扮奇特的人物也常有出现。这时，再以鱼鸟的阴阳交合之说来生硬解读，似乎就有些不明所以了。我们这里所说的"怪图"同样刻画在泸州的汉代石棺上，这是

出土于 1984 年的泸州九号棺，在棺椁一侧发现一幅诡异的《巫术祈祷图》
（见图 11）。图像中有四人双双成对，站立于左侧，且最左边的两人穿戴奇
特，难辨身份；图像右侧是一鱼一鸟组合图，其中鱼身长 77 厘米，宽 11
厘米，鱼尾 16.3 厘米，鱼鳍长 9.5 厘米；鸟雀高 72 厘米，身宽 12.8 厘
米，颈长 25 厘米。鱼身向后翻，鸟颈后转，嘴啄鱼鳍。

图 11　泸州九号石棺画像石《巫术祈祷图》

《中国画像石全集》书中将左侧的两组人物阐释为巴蜀大地上的巫觋，
不吝笔墨地对这幅画像石做了详尽的阐释：

> 左起一巴巫举手操蛇，一巴觋手执铃铎，象征跳神。二人发髻与
> 奉节盔甲洞木梳之巴人，峨嵋符溪铜矛之巴人，头饰相同。中间二
> 人，右一女性长裙曳地，一男性袍裳见腿，皆中原秦晋衣冠。二人所
> 执之物不同，似为交祝对舞祝神。古代徒巫者，男为觋，女为巫，专
> 事以符咒代人祈祷神明。……图右刻雀、鱼。雀为短脚、短尾、扁
> 嘴、啄鱼，与朱雀不同，泸州四、十一、十二号石棺上也有此雀。凡
> 出现此雀者皆有鱼，是古代先民风俗信仰和动物崇拜。此图之鱼，有
> 骨板，吻尖突，有鬣，似为鲟鱼，古名鲔或鳣。

文中依然将画像中的鸟类释为"朱雀"，即极阳之鸟，对应疑似"鲟鱼"

的阴鱼；图像中间的男性和女性形象并置对应；左侧两位"跳神"舞蹈的巫师，男为觋，女为巫，也形成了二元性。在这里，画像石中的鱼鸟图被笼统地归入了广义的阴阳两极系统。

此时，本应"鸢飞戾天，鱼跃于渊"的鸟儿不再展翅翱翔天空，鱼儿也不再囿于川泽，他们彼此牵绊，两两出现于石棺的侧壁，在阴冷的泥土和石块中沉睡千年，鱼和鸟似乎开始诉说异样的古老往事，这些往事和我们日常的饮食之事渐渐分离，慢慢走远。当我们再回头观望前文中青山泛舟、河溪垂钓的静美画面时，也似乎感到陌生起来。行文至此，古人吃鱼和捕鱼的故事，逐渐有了不一样的头绪。

（三）阴阳之间

以鱼鸟为代表，将万物有序二分的做法，深入汉代的生活、文化和艺术活动中，阴阳二分思想与当时的政治秩序和宇宙观念有密不可分的关系，鱼和鸟本应是人们在田野间捕获的猎物或餐桌上的美馔，到了汉代却被敬奉为至上的灵性之物。汉代典籍《淮南子·天文训》中记载了颇具典型性的鱼鸟定性和宇宙初观：

> 毛羽者，飞行之类也，故属于阳；介鳞者，蛰伏之类也，故属于阴。……火上荨，水下流，故鸟飞而高，鱼动而下。

《淮南子》明确认为鸟为阳，鱼为阴，而这种阴阳相对的形式，正是二元论认识下的天文宇宙观的体现，此时，对鱼和鸟的关切显现出更广泛意义上的"仰观"和"俯察"的原始宇宙思维：飞鸟上升至天，潜鱼下沉入海，人站在海天之间，度量这个世界的宽度与深度。或许，古人们也曾艳羡鱼和鸟的自由，也曾追问：我们生活着的世界究竟有多大？它的边界在哪里？它是如何运作的？这个世界和大地上的人群如何发生联系？

而我们死后的世界又是如何？让我们重新回到汉代石棺的画像砖中寻找宇宙的答案。

巫鸿先生在《四川石棺画像的象征结构》一文中探讨了石棺画像的象征性宇宙结构，文章以宝子山石棺和王晖石棺为例，指出东汉石棺画像遵循一种固定的结构程式：

> 天空的场景出现在顶部；入口的场景和宇宙的象征分别占据着前挡和后挡；石棺两侧的画面由多种题材组合而成，但总是突出了某种特定主题，如对灵魂的护卫、宴饮、超凡的仙界或儒家的伦理……石棺从一个丧葬用的简单石盒子转化成宇宙、天堂、庙宇，或是死者在来世举行盛筵的厅堂。

这段文字阐释了汉代石棺不同方向上的图像场景，石棺本身的空间被浓缩为一个来世宇宙的缩影。我们在上文中看到的体型庞大的鱼和鸟，多为守护在仙界入口的瑞兽，一方面，守护死者的灵魂，另一方面，鱼鸟并置的处理、包括成双成对出现的男女和巫觋，都体现了阴阳和合的二元思想。

阴阳观念源自道家，我们在此不得不重新强调道家思想在汉代的重要性。众所周知，在汉武帝之后，汉代独尊儒术，但在汉朝建国之初，"黄老之学"一直被统治者公开推崇并奉行，视之为治国思想，主张无为而治、休养生息。汉武帝上位后，被推行的"儒术"早已不是先秦之"儒"，而是与道家、方士、阴阳家等多方学说交缠融合的思想。因汉代道教及神仙思想盛行，汉武帝多次令方士出海求仙及炼制不死之药。所以道家思想对汉代文化的隐性影响颇深，体现在画像石上的阴阳鱼鸟图式便是典型的艺术表现。

《老子》说"道法自然"，从鸟兽鱼鳖等自然界中生存的活物，提炼、思索并影射宇宙形成和运行的内在轨迹，这正是汉画像石所表现出来的文化意涵吧。值得一提的是，鱼鸟图也体现出某种混沌一体的宇宙构成，鱼鸟彼此牵制，确也有些彼此动态幻化合一的意味，尤以泸州九号石棺画像为典型，图中鸟嘴与鱼尾相互衔接（见图12）。因此，我们也可以将汉画像石中的鱼和鸟视为"道"的化身，将鸟啄鱼的阴阳关联方式，视为阴阳的运动。

图 12 《巫术祈祷图》细部与阴阳图

如此一来，便能理解画像石上鱼和鸟的庞大，因为汉人将"道"投射到了无穷的时空范畴。比如《庄子·逍遥游》中提到了"鲲"和"鹏"两种动物，鲲是一种生活在北海的鱼，鹏是由鲲幻化而来的鸟："北冥有鱼，其名曰鲲。鲲之大，不知其几千里也；化而为鸟，其名为鹏。鹏之背，不知其几千里也；怒而飞，其翼若垂天之云。"鲲鹏以其巨大的形态穷极天地之间，这是以空间上的无穷来表现"道"的博大；鲲鹏之间的转化即鱼和鸟的转化，表明"道"生生不息。

万物化生，鱼鸟亦同。

📝 参考文献

[1] 刘弘：《汉代鱼鸟图小考》，《民俗研究》1988 年第 3 期。

[2] [美] 张光直：《美术、神话与祭祀》，沈阳：辽宁教育出版社，1988 年。

[3] 中国画像石全集编辑委员会：《中国画像石全集》，济南：山东美术出版社，2000 年。

[4] 陈文华：《中国农业考古图录》，北京：文物出版社，2002 年。

[5] (清) 吴任臣撰，栾保群点校：《山海经广注》，北京：中华书局，2020 年。

[6] 杨絮飞编：《中国汉画造型艺术图典·人物》，郑州：大象出版社，2014 年。(图片来源)

注：感谢良渚博物院李曼女士及杨絮飞教授对本章内容提供图片帮助。

道生一，一生二，
二生三，三生万物。

长安盛宴：烧尾宴在唐代二十年

城南韦杜，去天尺五。

——杜甫《赠韦七赞善》

序言

试问，古代筵席中，有哪一种称得上最奢靡的盛宴？答案十之八九是一致的：满汉全席。诚然，这一席几百年来为人们津津乐道的清代宫廷宴，已在前人千百遍的书写和描绘中，成为中国历史上最著名的皇家大宴。殊不知，早在盛唐时期的古意长安，高度发展的烹饪技术和八方交融的饮食文化，催生出一场豪华的官场筵席，堪称可与"满汉全席"相媲美，这就是"烧尾宴"。

所谓"烧尾宴"，主要是指流传在唐代中宗统治年间的一种豪华筵席，其菜品之繁，规格之高，真实反映了唐朝的饮食水平和胡汉文化的交融。据史料记载，满汉全席是在烧尾宴的基础上衍变而来的。"烧尾"是古诗词中常见的宴饮表达，如唐人说"鱼将化龙，雷为烧尾""飞离海浪从烧尾，咽却金丹定易牙"等。

"烧尾宴"究竟是什么呢？中国历史上唯一的一份"烧尾食单"背后牵扯

出一个怎样的传奇家族？唐代的饮食文化又发展到了什么程度？长安城华灯初上，宝马雕车香满路，行旅的人们纷纷落座，宴乐声起，古老的故事缓缓拉开序幕，让我们从一个神秘家族的墓葬壁画说起。

（一）韦氏家族

二十世纪八十年代末，人们在一个偏远的乡村里，偶然发现了一座家族墓葬。

那是一九八七年的夏天，陕西省长安县韦曲北原南里王村核工业部二〇六所工地在施工过程中发现一座唐墓。这座巨大的家族墓四周，绘有内容丰富的壁画。在探究墓葬主人及其生前故事的同时，墓葬壁画引起了考古人员的注意，壁画线条流畅通达，既有着色艳丽的朱雀玄武图案，也有形象生动、内容丰富的人物叙事图。

墓室西壁绘有《六合屏风图》，位于棺床之上，屏条之间用红框相隔（见图 1）。六条屏风图像表现的是一位装束和形象相似的妇人，在日常生活中散步、抚琴、赏花等场景，应当为墓室女主人的生前画像。画面中的女性姿态娉婷，神情闲适，着装与发髻精美，或弹奏、或舞蹈、或赏玩花草，身侧均有小童侍于左右，行往坐卧，无不闲适惬意。韦氏家族墓葬壁画的内容丰富，叙事性强，具有极强的仪式性与艺术性，非一般士族家庭或庶民阶层可比。

与之对应的墓室东壁北侧，绘有一幅高 200 厘米、宽 360 厘米的巨形彩色壁画，画面中描述的是唐代盛行的野外游乐宴饮的场景，见图 2。粗看壁画可见，画幅上方浮云花草，下方寥寥几笔山石，画面中间置一长方形低案，桌上有序放置着菜肴及杯、碟、羽觞、筷子等餐具和酒具，前方有一方形小台，方台上有一莲花形汤碗或羹盆，内有一曲柄汤勺。方桌另外三面各有红色连榻，分别有三名男子盘腿坐于连榻之上，或谈笑、或畅饮。方桌外围有随从的与会者与家仆立于两侧，左侧的站立者头戴风帽，双手作揖，并伴有两位嬉笑玩耍的小童，右侧站立者为持鞭的车夫与抱婴

图 1　西安市南里王村唐代韦氏家族墓壁画《六合屏风图》

的女仆，气氛轻松和谐。壁画的最前方，有两位梳着羊角发髻的侍童，手托酒盘，上置有三个酒杯。

图 2　西安市南里王村唐代韦氏家族墓壁画，墓室东壁《宴饮图》

墓室壁画整体风格活泼，线条流畅，颇具质朴洒脱之意趣。通过对壁画的识读，我们大致可以架构出一个家族野宴的故事背景：唐代士族家庭出行，成群结队、浩浩荡荡地带着家仆、随从和宾客，来到乡野村外设席落榻，宴饮享乐。墓室壁画背后的奥秘，不得不溯源自这一家族墓的主人——京兆（今陕西西安）韦氏。

韦氏家族历史久远，形成于汉代初期，崛起于西汉中期，自魏晋以来就世代为官，家族的官僚化和士族化趋向明显。隋唐时期，家族越发强大，并且与隋唐王室保持紧密的姻亲和政治纽带，牵一发而动全身，成为可以撬动国之稳定的家族。隋朝时期，韦氏家族按照官品占有数量极大的田地，享有数量众多的食邑封户，《隋书》载：

> 韦氏自居京兆，代有人物世康昆季，余庆所锺，或入处礼闱，或出总方岳，朱轮接轸，族旗成阴，在周及隋，勋庸并茂，盛矣！

说京兆韦氏富可敌国，或许也不过分。入唐以后，煊赫一时的世家大族进入了鼎盛阶段，在隋代的发展基础之上，京兆韦氏缔造了士族家庭的极盛神话，欧阳修在《新唐书·宰相世系表》中说"士族之盛，无逾于韦氏"，说的是皇族之下，士族家族中无出其右者，"有唐以来，莫与能比"，韦氏家族的荣耀可见一斑。

在墓室壁画《宴饮图》中，我们虽然无法仔细辨别或推断餐桌上的食物，但可以提炼出韦氏家族设宴的若干细节。首先，家族宴的餐桌上，碗筷杯盏摆放整齐，不同成员的餐具在各自座位前方，右侧三位落座者桌前有非常明显的横向摆放的筷子。作为用餐工具，筷子在明中叶之前的规范称谓是"箸"，图中每个人对应两副箸，疑为进食和取食的搭配（见图3）。

其次，坐具的革新对人们饮食习俗的变化带来直接影响。事实上，早在西晋晚期，北方少数民族陆续进入中原，胡风南渐，潜移默化地改变着人们的饮食生活，最直观呈现在画作上的特征便是坐具的变化。尤其是床榻、胡床、椅子、凳子等坐具的相继问世，改变了传统席地而坐的用餐方式，如汉代壁画中的聚餐方式就是人们在地上铺席子，席地而坐（见图4左）。发生在魏晋南北朝时期的家具变革，至隋唐时期已发展成熟并逐渐到达高峰，彼时开放的民风、通达的丝路、开明的经济政策，以及唐人对

图 3　细部的餐具

生活品质的高追求，使这些家具迅速进入人们的日常生活。新式高足家具不断增多，椅子、桌子普及使用，人们围坐一桌进餐就顺理成章了。

　　韦氏家族墓壁画中的宴饮场景是围坐聚餐的典型案例，这说明在唐代，旧式分食的用餐习惯已经开始慢慢过渡到合食。在敦煌第四七三号窟中也出现了围桌而食、一人两箸的用餐情景，参见示意图（见图4右）。遗憾的是，我们现在只能从饮食的场景和形式来分析韦氏家族墓壁画中的宴饮场景，至于家族宴的餐桌上具体有哪些食物，我们暂时无法通过简单的壁画线条来明辨个中真相，只是从唐代餐饮文献中推断，必定有蒸饼、胡麻饼、花色点心、肘子肉、长安米酒，以及其他形形色色的食材。

图 4 左　打虎亭汉墓壁画　　　图 4 右　敦煌四七三窟　唐代壁画摹本

当我们重新踏足唐代的浩瀚国土，开元盛世，繁花似锦，胡风入唐后，全新的菜品、不同的技术和开放的烹饪理念进入百姓人家，家族的餐桌上有了非凡的样貌。我们想象着，西域的驼队沿着陆上丝绸之路，东渡而来，最终踏上大唐的疆土。沙尘弥漫，驼铃叮咚，东西文明交融的历史篇章缓缓拉开了序幕。

（二）烧尾食单

谈到韦氏家族及唐代饮食文化，不得不提到一个人与他的食账——韦巨源和他的《食谱·烧尾食单》。

韦巨源（631—710）其人与食事研究并不发生直接关联，我们很难将他称为美食家或饮食研究者。他首先是一位唐代历史上绕不开的政客，在八十年的人生中，侍两朝唐主，多次拜相。武则天年间，他历任司宾少卿、文昌左丞，后转任文昌右丞，后一路成为宰相。唐中宗李显复辟后，韦巨源被任命为工部尚书，后升任吏部尚书，加授同中书门下三品，第二次成为宰相。之后因其祖兄韦安石拜相，为了避嫌转任他职，次年复又升任，进爵舒国公，三任宰相。即便在此过程中多有坎坷与变故，但凭借着韦氏家族历代积累的政治势力与皇族亲代关系，韦巨源的在朝力量不容小觑。

"烧尾宴"就是中宗在位期间出现的。据载，韦巨源于景龙三年（709年）官拜尚书左仆射，便在自己的家中设"烧尾宴"，盛情款待唐中宗。烧尾宴逐渐成为庆祝官位升迁、士子登科或重臣献食天子所举行的宴会，在西安城内蔚然成风。

这场筵席为什么叫"烧尾"，有着什么样的传统寓意？这是韦氏首创，还是由来已久？

我们只能回到历史语境中寻找答案了——唐人传说，"鱼将化龙，雷为烧尾"，将烧尾喻为鱼跃龙门，士人中举。我们在唐诗中也看到过相似的描述，如"飞离海浪从烧尾，咽却金丹定易牙"——"烧"的乃是鱼尾。

与"鱼尾"说不同的是，唐代封演《封氏闻见记》一书中记载了另一个故事："说者谓虎变为人，唯尾不化，须为焚除，乃得成人；故以初蒙拜授，如虎得人，本尾犹在，体气既合，主为焚之，故云'烧尾'。"相传，有一种很特别的老虎，可以变幻成人，但与正常人不同，他的身后会长出一条尾巴，为了实现真正意义上的"成人"，老虎必须把尾巴烧掉。学子中举及第或者升官高迁，正如同老虎变成人，必须烧掉多余的尾巴，实现真正的蜕变。明代《辨物小志》中也曾记载，"老虎变人，烧断其尾，方化人，羊入新群，烧焦旧尾，才合群，鱼跃龙门。经天火烧没旧尾，为真龙。"这两处文献说的是同一个故事，"烧"的都是虎尾。当然，无论是鱼尾还是虎尾，"烧尾"都象征着前一阶段的结束和全新阶段的开始，烧尾宴在古代也便具有了官运亨通、前程似锦的美好寓意。

也有学者认为，烧尾宴是一种专门的官场风习，这种特殊的筵席特指新任大臣按照惯例向皇帝献食宴飨。这也确乎有迹可循，比如《旧唐书·苏瑰传》就记载了苏瑰升任大臣时，为表感恩而设盛馔的事迹："公卿大臣初拜官者，例许献食，名曰烧尾。"这种大臣宴请皇帝的烧尾宴早在唐代初期就已出现，《封氏闻见记》也作了详细记载。巧的是，这段文字所记录的宴席也有韦氏家族的参与——可见韦巨源宴请唐中宗并非烧尾的源头：

> 中宗时，兵部尚书韦嗣立新入三品，户部侍郎赵彦昭假金紫，吏部侍郎崔泛复旧官，上命烧尾，令于兴庆池设食。至时敕卫尉陈设尚书省诸司，各具彩舟游胜飞楼结舰光夺霞日。上与侍臣亲贲临焉。既而吏部船为仗所隔，兵部船先至，嗣立奉觞献寿……

说的是当时新官上任的三位朝官（包括韦氏家族的韦嗣立），奉唐中宗的命令，在长安城的"兴庆池"设了烧尾宴。场面非常热闹，光夺霞日，当时几乎所有的朝官都出席了筵席，游船湖上，两岸交相呼应，张灯结彩。烧尾宴已不仅仅是一次"献食天子"的朝廷官员聚会，更是一次具有游玩性质的集体狂欢。从现存可追溯的有关烧尾宴的史料中，这段文字是描写得最隆重的一次，但有关这次烧尾宴的菜品、菜色、酒类、食礼如何，文中未作细录。

这时，韦巨源《烧尾食单》的出现便显得至关重要了。韦巨源在宴请中宗后，命人随手记录了这场筵席的菜品和做法，在有关唐代烧尾宴的所有记载中，这是唯一留存的食账。原食单虽已佚失，但唐末五代时人陶穀将这次重要筵席抄录于《清异录》，一方面弥补了烧尾宴具体菜谱的缺失，另一方面为后人了解唐代饮食水平提供了直观的文字素材。书中详细描绘了这次烧尾宴中的 58 道珍奇菜点，并对每一道菜作了简略的制作注解，"韦巨源拜尚书令，上烧尾食，其家故书中尚有食帐，今择奇异者略记……"

韦巨源的烧尾宴，食料丰富，做工精细，有冷菜，有热炒，可谓陆水八珍，皆尽入馔，荤素搭配，闲甜相宜。从菜品的取名、搭配，到制作、摆盘，这位位高权重的唐代重臣，向我们展现了中华传统饮食文化可达到的高峰。从《清异录》的食单记载中随意择选一二，我们便可感受烧尾宴的精致与奢华：婆罗门轻高面、巨胜奴、曼陀样夹饼、贵妃红、御黄王母饭、光明虾炙、通花软牛糖、雪婴儿、白龙、见风消、金银夹花平截、同心生结脯……

烧尾宴菜名经过了一些艺术化处理，引人遐思。《清异录》转录的《烧尾食单》对每一道菜点的做法作了简略阐释，虽然记录并不全面，但仍能看出烧尾宴肴馔之丰美，足以代表当时中国烹饪的最高水平。细读可知，"白龙"指的是鳜鱼丝，"见风消"指的是油浴饼，"金银夹花平截"指的是圆形的油炸面食，"贵妃红"是一种饼类点心，"御黄王母饭"则类似我们今天吃的盖浇饭，"巨胜奴"是一种酥蜜寒具[1] 等。

有一些今天看来似是而非的菜品，杂糅了西域或其他外来地区的饮食风俗，例如"婆罗门轻高面"，制作方法不详，但学者推测为一种笼蒸面食，吸收了当时印度的烹饪做法。也有一些菜品结合中国传统文学，颇具诗性与美感，比如有一道名为"辋川小样"的菜肴挪用了王维名作《辋川图》的题中之义。当然，并不是所有菜肴都离我们的日常生活如此遥远，也有

1　寒具，类似今天的馓子、麻花、油饼一类油炸食品。

一些菜肴历经百年，沿用至今，比如现代人熟知的"狮子头"就是从烧尾宴中开始崭露头角的。通俗地说，"狮子头"就是炸肉丸子，但是在献食天子的唐代烧尾宴上，借"狮子"之名，宴请皇帝，韦巨源显然别有用意。狮子在中国传统文化中，是镇宅辟邪的风水瑞兽，皇家陵墓或宗祠庙堂中，也常见狮子雕像。到了唐代，"唐狮"被寓意了王权的巩固与王朝的磅礴气象。韦巨源此举多少反映出奉承帝心的钻营之心，此举也符合他并不中正的历史形象。

虽然相武后、中宗两朝，位高权重，但韦巨源绝不能称为一个好官。武后年间，韦巨源官任文昌右丞，多行苛扣盘剥之举，"其治委碎无大体"，谋取私利，被百姓怨言，为有识之士不齿。中宗时期，韦皇后专权，韦巨源与其叙为同宗，趋炎附势，攀附韦后，后甚至劝说韦皇后效仿武则天垂帘听政，意欲谋权。从他操办的烧尾宴食单中，我们已经或多或少能够感受其生活之奢靡、谄媚之私心。

重新回顾韦氏家族墓室的壁画《宴饮图》时，我们不禁遐想：这些百年来埋于地下，镌刻于墓道的线条和色彩，必定齐聚了能工巧匠，耗费了大量人力、物力。这幅描绘宴饮场面的壁画仅仅只为记载简单的家族聚会吗？或许，墓主人想要记录的，是当年那场重要的献飨皇帝的盛大筵席，那场声势浩大的烧尾之宴，那一段举国瞩目的家族辉煌……

（三）唐代饮食

从韦氏家族的历史风云，到墓葬壁画的宴饮故事，我们发散性地拨开了烧尾宴的层层面纱。它起始于一个家族意欲称霸朝权的野心，书写了一段历史的短暂辉煌，代表了唐代烹饪技术和饮食文化达到的巅峰。从韦巨源《烧尾食单》和现存有据可循的唐代绘画中，我们可以梳理若干唐人饮食和烹饪的历史特色——

"胡化"现象明显，尤其体现在菜肴制作和新式家具使用方面。唐代是一个多民族交融发展、文化上兼容并包的重要历史时期，加上路上丝绸之路带来的贸易通商，许多具有胡风的食俗、食材和烹饪方法迅速传入中原，丰富了唐代本土的饮食风貌。

自唐开元以来，"贵人御馔，尽供胡食"，胡化的饮食现象到达鼎盛。由于深受游牧民族的烹饪习俗影响，胡食的主要特点是以肉酪为主，重烟熏烧烤，重鲜纯膻腴的口味。上文提到的《烧尾食单》已经向我们展现了丰富的胡化肴馔，例如"金铃炙""升平炙""红羊枝杖"等，均是"胡化"的烧烤类菜肴。此外，烧尾宴中的"巨胜奴""玉露团""见风消"等面点的制作，也都融合了其他少数民族的烹饪工艺和手法。食材方面，对羊肉、羊乳等使用也逐渐普遍起来。由此，也呼应了向达先生所说的"汉魏以来，胡食即已行于中国，至唐而转盛"。

另一方面，新式家具，尤其坐具的引进，改变了秦汉之前就流行的席地就餐的传统，正如韦氏家族墓壁画所绘制的那般，低案与连榻的搭配使用促使时人聚餐合食，大家开始围聚在同一张桌子上一起吃饭。在唐代以前，通过丝绸之路由西域传入中原的重要家具颇多，一般都带有"胡"字，比如东汉时期传入的"胡床"。这并非我们现代概念中的床，而是一种可供折叠携带的坐具，汉代传入后立刻受到了贵族阶层的喜爱，其普及迅速改变了屈腿席地的分食用餐习惯。魏晋时期，胡床成为权贵用餐的必备器具，《晋书》载："泰始之后，中国相尚用胡床貊槃，及为羌煮貊炙，贵人富室，必畜其器，吉享嘉会，皆以为先。"可见，人们用餐时，已经完全开始使用胡床，围坐聚食，感受分享食物的乐趣。

此外，唐代饮食兼容各地风味，汇聚南北佳馔，不同菜系互为补充，表现出海纳百川的文化气魄。烧尾宴已经明显融合了不同饮食区域的餐饮体系。比如，《烧尾食单》中就出现了蛤蜊、螃蟹、甲鱼、虾等水产食料，说明南方的海产已经输入北方。烧尾宴中很多点心，如"赐绯含香粽子""水晶龙凤糕""雪婴儿"等，都是典型的南方风味。但是，北方的烹调方法依然被完好地保留、使用和发展，烧尾宴的菜肴制作工艺多样，主要以北方菜系为主。

福祸相倚，盛极必衰。烧尾宴的奢华之风逐渐遭受时人非议，开始出现有识之士拒斥摆宴，抵制烧尾风习。景龙三年(709年)，苏瑰升迁，但未向中宗献食，奏曰"臣闻宰相主调阴阳，代天理物。今粒食涌贵，百姓不足，臣见宿卫兵至有三日不得食者，臣愚不称职，所以不敢烧尾耳"。食物短缺，百姓温饱困难，大臣对烧尾宴这样的奢侈盛宴，力有不逮。

景龙四年(710年)，中宗李显暴崩，韦后一党执掌政权，临淄王李隆基起兵铲除之。韦巨源不听家人劝阻，耽溺于权位的美梦，拒不避难，"吾国之大臣，岂得闻难不赴?"随后出门，被乱兵杀害。李隆基即位后，励精图治，去奢除靡，烧尾宴也慢慢湮没于历史的风尘，在开元年间彻底止息——止息于二十年的短暂光阴。站在漫长的人类文明历史中，二十年如白驹过隙，转瞬而逝。

✍ 参考文献

[1] 金维诺主编：《中国墓室壁画全集 2：隋唐五代》，石家庄：河北教育出版社，2011 年。

[2] 赵力光、王九刚：《长安县南里王村唐壁画墓》，《文博》1989 年第 4 期。

[3] 刘冬梅：《从"烧尾宴"看唐代饮食的发展水平》，《饮食文化研究》2004 年第 1 期。

忆昔开元全盛日，小邑犹藏万家室。

——杜甫《忆昔二首》

举国之饮：唐人迷恋的香叶嫩芽

坐酌泠泠水，看煎瑟瑟尘。

无由持一碗，寄与爱茶人。

序言

唐代，一个艺术与文化的盛世。文化融通，国门大开，交通不绝，百花齐放。

诗人喟叹：春江潮水连海平，海上明月共潮生。唐代的艺术风貌绮丽壮阔，别有一番宏大格局与宇宙意识。唐代画论、文论著作颇多，奠定了中国美学理论的深度。与之相应，唐诗中的花鸟、人物、抒情、喻人，字里行间无不记载着唐人的生活美学与宇宙意识。唐画纵横捭阖，山水人物气度非凡，兼容并蓄。唐人张彦远在《历代名画记》中评价初盛唐时期的艺术"灿烂而求备"，这也正是唐代画坛的整体风貌，不论是绘画的题材内容，还是表现形式，都较前朝大有提高。"画圣"吴道子、"驰誉丹青"的阎立本，都是我们现在能够脱口而出的唐代画家。

在诸多文学和艺术作品中，"饮茶"主题成为唐代美学的独特文化景观。唐代地方茶业和佛门茶事的盛行，是当时茶文化萌芽与发展的直接推动力，上自帝王将相、文人墨客，下至挑夫贩竹、平民百姓，无不以茶为好。文人饮茶、烹茶、煮茶、客来敬茶等文化内容，自唐代起，便日益成为艺术家们喜闻乐见的创作主题。自唐代以降，中日茶文化的交流也成为两国艺术史中的一段佳话。

今天我们要从一碗茶说起——来自唐代"画圣"阎立本的丹青《萧翼赚兰亭图》。

（一）"画圣"画茶

《萧翼赚兰亭图》被认为是中国历史上第一幅表现茶文化的开山画作（见图1）。

图 1　（唐）阎立本（传），《萧翼赚兰亭图》，此为宋人摹本，台北故宫博物馆藏

此画源于一个有趣的历史故事，记载于唐人何延之所纂的《兰亭记》中。话说，唐太宗晚年酷爱王羲之书法，他听闻《兰亭集序》书法真迹被一位名叫辩才的和尚收藏，便传召辩才面圣。然而，辩才和尚在堂上，推说并不知书迹的下落，一通搪塞。太宗日思夜想，耿耿于怀，并直言："右军之书，联所偏宝，就中逸少之迹，莫如兰亭，芬于膳寐。此僧着年，又无所用，若为得一智略之士，以设谋计取之。"于是当朝大臣房玄龄给唐太宗出了个主意，他谋划了一场"鸿门茶宴"，举荐监察御史萧翼前往会稽

(今绍兴)，"赚取"了《兰亭序》。

这个萧翼是梁元帝肖绎的曾孙，"岁才艺多权谋"，假扮成书生模样，随商船南下，来到辩才和尚的寺庙。他带者王羲之的几幅小字接近辩才和尚，投其所好，两人畅谈书法精妙之处，围棋抚琴，吸茗饮酒，辩才和尚情之所至，取出王羲之的极品《兰亭集序》向萧翼展示，随后，萧翼言辞巧辩，使年过八旬的辩才和尚对兰亭真迹的真伪性心生犹疑，趁辩才和尚离开寺庙之机，获取兰亭真迹。辩才后知后觉得知真相，闻言吓晕。

《萧翼赚兰亭图》是极为少见的描绘我国唐代僧人以茶待客的珍贵作品。画作背后的故事似乎算不得光彩，但画作本身却成为了唐代茶画的开山之作，领风气之先。在画面中，萧翼(右)与辩才和尚(中)相对而坐，相谈甚欢。可以猜想，此刻的萧翼内心正在盘算着如何实施计谋。画面左侧有一老一少两位茶侍，正在为主人们准备茶饮(见细部图2)。从图中可见，左侧的年长茶仆蹲在风炉旁，右手持茶夹，正烹煮着茶汤，专注凝目，全神贯注；右侧的少年茶童则躬身弯腰，双手端着茶托，正小心翼翼地准备分茶，向来客们奉送。席地放置着的矮几上，置有茶罐、茶碗等常用茶具。除却主要人物的对谈场面之外，通篇画幅中仅保留了茶侍备茶的情景，由此可见，饮茶在唐代早期已成为重要的佛门日常活动，佛僧们惯于以茶待客，客来敬茶。

图2　《萧翼赚兰亭图》细部

在传为阎立本所做的名画中，还有一幅颇受争议的《斗茶图》(见图3)。这幅画给后人带来了诸多谜团，当我们在这位画圣的丹青妙意中畅游，会惊喜地发现市井百姓的饮茶、斗茶场景。画面上有六个贩茶市民，根据画面布局，左右各三人一组，正各自摆弄茶具。画中三个人物的分工很明确：一位正在风炉上煎茶，一人手持提壶将茶汤注入茶盏，另外一人手提茶盏、品茗论道。画面正中间的两位正是两个小分队中细致品茗的成员，彼此品尝茶饮，发表斗茶高论。

图3 （唐)阎立本(传)，《斗茶图》，后人摹本

这幅图最早记载于《顾氏画谱》，是明代顾炳对阎立本真迹的摹绘。彼时，顾炳为钱塘一带专以花鸟画著称的画家。我们或许要问：《斗茶图》真的出自画圣之手吗？真迹是否留存至今？现又藏于何处？凡此种种，至今尚无定论。而丹青妙品留给后人的奥秘，似乎也更令人着迷。我们不妨探索唐代茶文化发展的整体风貌，追问一句：如果这幅《斗茶图》确为阎立本所作，那么民间斗茶之风是否已在唐代形成了呢？

隋唐初期，我国的饮茶之风在北方地区逐渐形成，但最初还是从饮茶的药用价值出发的。在已知的诸种唐代医书中，可以查阅到唐人对茶叶功效的基本认知：醒酒、少睡、涤烦、明目、祛暑、清热、解读、去腻、消食等。到了唐中期，人们饮茶的缘由逐渐脱离了医药功效的目的，转向文化性和艺术性的诉求，饮茶之风遍及南北各地。《茶经》就描绘过家家户户饮茶的风气："滂时浸俗，盛于国朝。两都并荆渝间，以为比屋之饮。"也就是说，现在的西安、洛阳(即"两都"地区)到湖北、四川、重庆等地区，大唐子民们家家户户都在饮茶。茶和柴米油盐一样，是常见的生活必备之物。《旧唐书·李珏传》也记载了人们对茶的难以割舍："茶为食物，无异米盐，于人所资，远近同俗。既祛竭乏，难舍斯须。同间之间，嗜好尤甚。"说的是乡里村间，百姓们都将茶视为食物、一种无异于米或盐的日常物资，难以摒除于生活之外。彼时，饮茶之风已渐成。

那么，斗茶活动在唐代是否已成为街巷间的风尚呢？我们虽然无法对《斗茶图》的传世作出确切的真伪之论，但在唐人留存于世的历史文本中，确乎找到一些记载(即便并非出自画圣之手，此画依然可能为唐代作品)。例如，唐人冯贽在他的《云仙杂记》卷十中记载，当时"建人谓斗茶为茗战"，可见在建州(今附件建阳一代)已经出现了斗茶活动。自唐代始，盛于宋，我国的斗茶历史已有千年之久。

(二)举国之饮：市井、佛院与宫闱

唐代斗茶活动的产生与品茗之风的兴盛，有多方面的动因。

一则，自中唐以来，饮茶习俗已经风靡长江南北，茶茗成为国饮，品饮艺术不断创新，茶叶产区渐成，制茶产业初见规模。根据陆羽在《茶经》中的述论，全国茶叶产地已经分为山南、淮南、浙西、剑南、浙东、黔中、江南、岭南等八大区，一共遍及四十余个州郡。制茶之盛可见一斑。茶叶贸易的跨国交流也日渐兴盛，茶与茶文化通过各地遣唐使流传至域外。

二则，随着北方茶风之起，南方的茶叶生产和贸易也相应发展起来。朝廷对各地茶区实行"贡茶制"，严格要求定时间、定地区、定数量、定质量的高品质茶叶生产。甚至在浙江湖州的顾渚山等地设立专供皇家品用服务的"贡茶院"，制茶过程监管严格，"诸乡茶芽，置焙于顾渚，以刺史主之，观察使总之"（嘉泰《吴兴志》）。层层把关下，贡茶院的制茶技术日益精湛，品质有所保障。

朝廷不仅以"贡茶"之名，广罗天下名茶，同时茶叶生产的发达和产业贸易的兴盛，也为朝廷开拓了财政之源。德宗建中三年（782年）时，"茶税"出现了。《旧唐书·德宗本纪》记载，"茶之有税，自此始也"。一开始，茶与竹木征税相当，"竹、木、茶、漆皆什税一"。但是茶税累年增长，成为财务敛财的重要方式，朝臣们纷纷以献茶为手段，争相取宠，甚至出现"穷春秋演河图不如载茗一车"的说法。到了文宗太和九年（835年），朝廷又推出"榷茶制"，试图自上而下垄断茶叶贸易，实行强横的茶叶专卖制度。贸易的垄断和茶税的激增，使得人们不堪重负，叫苦连连。

在宗教、经济、政治诱因的催动下，唐代艺术中对饮茶主题的生动描绘，便顺理成章了。从（传为）画圣阎立本所作的《萧翼赚兰亭图》和《斗茶图》中，我们看到了佛门之内与市井之中的唐人饮茶图景，也看到了当时人们"累日不食犹得，不得一日无茶"的民间风尚。唐代佛教的盛行可谓空前绝后，而佛门茶事的蔚然成风，更是唐代茶风的又一大动因。

史料记载，佛门僧众修身坐禅时，必有清茶在侧，虽有"过午不食"的斋戒，不作夕食，但僧人可以饮茶，帮助洗心修炼。于是，唐代僧人索性将坐禅饮茶写入佛教丛林制度的《百丈清规》，视之为宗门之法。不管是个人修行、僧众讲经、辩论佛理或招待来宾，都有茶汤供应，饮茶成为佛门常事。每逢禅门雨后，僧众相聚而坐，品饮佛门禅茶。渐渐地，寺庙中开设了专门的茶院和茶堂，佛僧中有专门的施茶僧，专职煮茶、奉茶之事。山林深处的寺院，也会选择在周边种植茶树，成为寺院茶，为日常供用。

僧人们爱茶、制茶、烹茶、饮茶，对茶的赞颂与体悟融入日常生活的点滴之中，修身养心，兴致盎然时，或吟诗作赋，或寄情丹青，切磋画艺、诗艺，着实畅然快意。

安史之乱后，唐王朝的腐朽使百姓们万念俱灰，而禅宗宣扬的"顿悟成佛"，给困顿中的百姓带去了通往彼岸的精神寄托。禅教大兴，随之而来的就是饮茶之风的大兴。善男信女们纷纷追随佛门茶风，既然过午不食了，如何果腹呢？便只能群起而烹茶："学禅务于不寐，又不夕食，皆许其饮茶。人自怀挟，到处煮饮。从此转相仿效，遂成风俗。"（封演《封氏闻见记》）佛教的兴盛对唐代茶饮事业的发展功不可没。久而久之，茶话会也成为一种固定的文人交友模式，代表了唐代民族文化的重要形态。

中国文人们喜茶，对茶的体悟与个人参禅多有内在相通之处，如钱锺书先生所说"凡体验有得处，皆是悟"（《谈艺录》），文人雅士或高僧大德们将茶与禅的相通之境着笔于诗文之中，衍生出唐代禅茶诗化的独特文学风貌。这些体悟大凡如同灵光一般，出现在茶会雅集中，如刘长卿《惠福寺于陈留诸官茶会》，记录了品茗时产生"因知万法幻，尽与浮云齐"的禅悟，甚至由茶入禅，升华至超脱的精神境界——唐代武元衡《资圣贲法师晚青茶会》诗云："虚室昼常掩，心源知悟空。禅庭一雨后，莲界万花中。时节流芳暮，人天此会同。不知方便理，何路出樊笼。"这是禅院里经过了晚春绵雨的洗礼，法界仿佛莲界在万花丛中遍生，茶会为参禅者门打开了以茶悟道的通道。饮茶时，如禅机在心韵中自然生成，心容万物，天人合一，及至散淡高远的"悟空"心境。

由茶入境，在诗僧的作品中并不鲜见。晚唐著名诗僧齐己在《寄江西幕中孙鲂员外》一诗中谈到，"茶影中残月，松声里落泉。此门曾共说，知未遂终焉"。意境妙极！一杯茶中倒映出破碎的月光，青松在风中影动，夹杂着落泉叮咚。这禅修的法门曾与友人举杯畅谈，可叹最终未能遂愿抵达理想之境。这既是禅法中一种动态的、流变的感知，同时也如入"无我之境"，最大化地回归自我的视觉与听觉感官当中，笔笔都是茶境禅意的真实写照。以禅茶为主题入诗，也是诗僧贯休爱做的事，他的诗文中，茶诗甚多。例如在赠送给一个禅师院的诗中，他写道"薪拾纷纷叶，茶烹滴滴泉。莫嫌来又去，天道本冷然"，描绘了拾薪生火，将泉水煮沸以供烹茶的场景；另一首诗《寄题诠律师院》则写道"深竹杪闻残磬尽，一茶中见数帆来"，读罢，眼前浮现出随风轻摆的枝叶，叶片之间彼此摩擦，声音如磬，只一盏茶的工夫，往来船帆便已众多，看似是写实景，又往往透露着虚实显隐之意，诉说着禅宗理事的独特主张。"一茶中见数帆来"的描述引人联想，一杯茶盏中似乎装盛着千里鸿蒙、万里山河，往来过客匆匆，来去无踪，只留下片片船帆。茶诗余韵中，似乎也品味出佛说"一花一世界，一叶一菩提"的真意。

当青灯庙门内飘荡起茶香时，朝堂之上、宫闱之中，饮茶之风有过之而无不及。在以女子为尊的唐代，宫廷女子饮茶自是不会少，《唐宫仕女图》描绘的正是宫闱女子的生活。《唐宫仕女图》共五幅为一系列，传为唐代张萱、周昉所作，描绘了唐代宫廷内的女子日常，被列为"中国十大传世名画"之一。画中女子或游春、或捣练、或赏花、或策马，无不风雅恣意，雍容典雅，一去传统绘画中固化的"多愁多病身"的仕女形象。在这唐代宫廷仕女画的全貌中，我们看到了皇宫佳丽们品茗听乐的快意时光，这就是其中的《宫乐图》(见图4)。

图4　(唐)张萱、周昉(传)，《唐宫仕女图》之《宫乐图》，台北故宫博物院藏

画面中绘有宫廷女子十人围坐在一张方案四周，另有两位侍女立于旁侧。这些女子正在奏乐饮茶，图中出现了颇具代表性的唐代乐器：筚篥、琵琶、古筝与笙，席间乐声不绝，使人陶醉留恋。她们有的饮茶、舀茶、取茶点，有的摇扇、放茶、慵懒卧坐。长桌的中间放置着茶釜，内盛茶汤，其中一位女子正手持长柄茶杓，从中舀取分食（见图5左）。可以料想，在此之前侍女们已经完成了备茶、炙茶、碾茶、煎水、投茶、煮茶等诸多前期程式，最终将茶汤端上桌，供宫廷女眷们分享。在饮茶女子的细部图中（见图5右），我们还可以清晰看到茶盏的制式，整体为碗状，底部有圈足，方便抓取把持。整体来看，作于晚唐的这幅《宫乐图》部分重现了"煎茶法"的场景，这是陆羽在《茶经》中极力提倡的饮茶之法。相较于早先较为粗放的"煮茶法"，陆羽认为煎茶的品饮方式更能保留茶性，符合茶理，也更具文化意涵。此法得到了广大响应，上自宫廷，下至百姓，均以煎茶法饮之。从整幅画的主要内容来看，饮茶场景也正是画作的重点表现内容，所以这幅画也被称为《会茗图》。

图5 《宫乐图》细部 左：茶釜与长柄茶杓；右：女子饮茶

与之相反，有一幅冠以饮茶之名，却并不以品茶为主要表现内容的唐画——《调琴啜茗图》（见图6）。画中的主角也是雍容华贵的唐代女子，三主二仆，丰颊曲眉，秾丽多姿。其中一位（左二）正盘腿坐于石面之上，凝神聆听琴音；居中位置的女子背对着读者，手持茶盏，侧身而坐，似乎也在聚精会神听取古琴的音色校准。三位女主人神情自得，体态舒畅，一副"游于艺"的娴静之姿。

图 6 （唐）周昉，《调琴啜茗图》，美国密苏里州堪萨斯市
纳尔逊·艾金斯艺术博物馆藏

两位侍女立于画幅两侧，左一的侍女端着茶盘，恭候在侧，为女主人
们递茶；右侧的侍女手中托举茶碗，似是等待白衣女主人随时饮用；居于
中间位置的红衣女子则单手端茶，正把盏啜饮（见图 7）。此画取名"调琴
啜茗"，正是对贵族女子日常文化生活内容的核心提炼。这也证明了，饮
茶与听琴是当时上层社会中的重要文化生活。

图 7 《调琴啜茗图》与饮茶相关的细部图

与数量巨大的茶诗相比，唐代茶画的存世之作并算不得多。值得一
提的是，在包含饮茶、制茶、茶叙等绘画元素的名画中，顾闳中的《韩

熙载夜宴图》也体现了饮茶的场景。顾闳中为五代南唐画家，该画作描绘了官员的夜宴场面——载歌行乐，觥筹交错。宴请的榻案上，放置着瓷执壶、瓷碗和瓷碟等用具，或也是彼时温茶、分茶的茶器（另一说为酒器）。

（三）为茶写经

以写经的虔敬态度来撰写茶，大概是唐人做的最浪漫、也最严谨的茶事实践了。

事实上，关于茶的煎、烹、泡的记载，早在三国时期就已陆续出现了。《广雅》中记载："欲煮茗饮，先炙令赤色，捣末置瓷器中"，大意是说，想要喝茶的话，需要先把茶饼加热，直到呈现红色，然后把水烧开，再将茶叶捣成末状，倒入瓷器中，方可饮用。这是唐代以前最常见的"煮茶法"，体现了最基本的"先水后茶"的方式。

我们都知道，陆羽撰写了《茶经》（见图8），这是我国乃至世界上第一部专门的茶学著作。在他之前，能够找到的关于茶的文字记载，仅零星的字句或篇章。陆羽（733—804），字鸿渐，是中唐时期的杰出诗人。24 岁时，他为躲避安史之乱，外逃流落至江南湖州，与时任湖州太守的颜真卿、妙喜寺诗僧皎然（其茶诗多达 25 首）等人结为好友。落脚于湖州后，他对周边的产茶区展开了"田野调查"，对民间饮茶观念与古籍文献中的资料做了整理，后索性潜心研究茶事，将十余年来关于饮茶的心得体会整理编撰成书。唐上元二年至宝应元年，《茶经》初稿完成，十年后陆羽又进行了修订，最终在建中元年（780 年）刊录刻印。全书一共分为三卷十章，共计七千余字。这十章内容主要包括——

上卷：

（1）"一之源"：界定茶的植物性状、功效、栽培之法与药性功能等。

（2）"二之具"：列举采茶、蒸茶、捣茶、规茶、晾茶、烘茶等 14 种制茶工具。

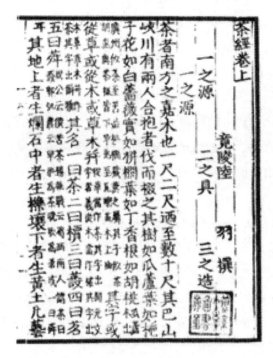

图 8　《茶经》书影（图片来自中国基本古籍库）

（3）"三之造"：叙述采摘茶叶和制作茶叶的要领，对不同种类的茶饼进行区分识别。

中卷：

（4）"四之器"：列举 24 种煮茶、饮茶的用具并解释其使用方法。

下卷：

（5）"五之煮"：叙述了烤茶、碾茶、用薪、用水的方法，论及水的品第。

（6）"六之饮"：叙述饮茶和饮酒的关系，谈茶的历史、种类和风俗。

（7）"七之事"：整理了古籍文本中与茶相关的记载，包括民间故事、药效史料、儒道佛各家言说等。

（8）"八之出"：各地茶产区的分布及茶叶评价。

（9）"九之略"：叙述在野外品饮时必须的或可省略的步骤与器具使用。

（10）"十之图"：建议人们将《茶经》抄录在白绢上，悬挂在饮茶之所，作为指导。

这十个章节的论述是对中唐茶文化的极好总结，也正是在《茶经》迅速普及之后，茶成为了全国范围内普遍接受的饮品。陆羽以一己之力，将茶上升至文化和艺术的层面，饮茶不再仅仅出于医药或日常品饮的目的，更成为高雅的、精神性的艺术创作与精神交流活动。某种意义上，陆羽也直接推动了前文所说的，湖州贡茶院（771 年）的设立与茶税的征收（782 年）。

《茶经》问世后，世人纷纷效法陆羽所授之法来煮茶饮茶，传抄传颂者络绎不绝，饮茶的习俗迅速在全国范围内流传普及。封演的《封氏闻见记》记载了这一盛况："楚人陆鸿渐为茶论，说茶之功效并煎茶炙茶之法，造茶具二十四事……以都笼统贮之，远近倾慕，好事者家藏一副……于是茶道大兴。"这里所说的"煎茶炙茶"之法究竟为何？为什么陆羽要极力推崇？我们前文所示的唐代名画中，所绘饮茶场景为什么悉数以"煎茶法"为品饮之法呢？

煎茶主要提倡"清饮"，摒除了过去煮茶时需要的葱、姜、橘皮等煮茶佐料，确保茶汤不受到外物的干扰，保留茶之真味。由此，茶成为了一个较为独立的饮品，茶本身的味道被凸显，用于品鉴欣赏。煎茶过程中，同样先煎水，后投茶。"五之煮"一章专门对茶汤加热的程度进行描绘，提出"三沸"原则。陆羽认为，水在加热过程中，一沸如蟹眼，二沸如鱼眼，三沸如龙眼，在如龙眼般沸腾后，水就"老"了，无法再用于煎茶。陆羽着力于系统性论述茶的品类、水的品第，以及茶器的设计，使饮茶这一行为具有了严格的范式追求与清雅的艺术格调。在《茶经》的"四之器"一节中，他甚至专门设计整理了 24 种茶器，专门为煎茶的一系列流程服务，这些煎茶工具在茶画中有非常确切的具象呈现。例如，阎立本的《萧翼赚兰亭图》中，左一的侍茶老者手中所持的便是陆羽设计的"夹"，画面中煮水的火炉便是"风炉"（见图 9）。在周昉的《调琴啜茗图》中，正在饮茶的红衣女子手中所持的正是陆羽谈到的"碗"（见图 7 中）。

图 9　茶夹、风炉细部

　　《茶经》问世后不久，唐后期的张又新似是不满陆羽在书中对"水"的高下评断，他略作延展，着眼于水品，专门写了一本《煎茶水记》（见图 10）。这本小书一共 900 余字，也被后人称为《水经》。文中旁征博引古人对水品高下排第的杂记，将刑部侍郎刘伯刍(755—815 年)曾品评过的七种水源列为上品，随后才列入陆羽所品的二十种水，最后说"岂知天下之理未可言至，古人研精，固有未尽，强学君子，孜孜不懈，岂止思齐而已哉。"意思是世人的实践思考既要尊重古人的研究心得，又不可自我设限，囿于前人的知识经验。

　　无论是《茶经》还是《水经》，都体现了唐代文人雅士们对制茶、饮茶一系列茶事活动的艺术品位和严谨态度，当然也反映出唐代茶人高度的理论思考与艺术自觉。我们不禁对古人的较真劲儿拍案叫好，也更向往那一方洋溢着茶香的大唐疆土。

图 10 《煎茶水记》书影（图片来自中国古籍数据库）

（四）敦煌遗书《茶酒论》

让我们将目光转向西域，甚至更远。茶与茶文化的传播是一个庞大的议题，自唐代起，茶作为重要的外交物资经由"茶马交易"而被广泛传播。据记载，文成公主喜饮茶，远嫁吐蕃时，嫁妆中就包含了茶叶。

《新唐书·地理志》有载，"唐置羁縻诸州，皆傍塞外，或寓名于夷落。而四夷之与中国通者，甚众。"开放的外交政策与域内民风，使茶的流通更为广阔。中原的饮茶之风与西域当地文化相遇后，又衍生出另一番文化风俗交融与本土化转向的风貌。在敦煌莫高窟第 159 窟中，我们看到一场斋僧宴席，方桌上摆满食物，有两人倚桌而坐，手中端着茶碗，谈笑风生，饮茶而欢(见图 11)。由此可知，饮茶已经渗入西域，成为人们的日常品饮活动。

图 11　莫高窟 159 窟《斋僧图》

　　与壁画相应，在敦煌出土的存世文献中，有一部与茶相关的对话体文本——《茶酒论》(见图 12)。此文本的作者是唐末乡贡进士王敷，后由他人誊抄并在文末留写题记，时间在开宝三年(970 年)。顾名思义，"茶酒论"记载的是一场茶与酒的"博弈"。通过对现存文本的细读，我们看到茶酒两家彼此争论不休，旁征博引，非要辩出个高低尊卑。通过茶与酒的对话，我们也能看到唐代敦煌地区的饮食风尚与饮茶嗜酒的世俗生活。

　　例如，茶认为自己已经入贡给皇宫贵族，一世荣华，自然高出普通草木一等，堪称百草之首：

　　　　"诸人莫闹，听说些些。百草之首，万木之华，贵之取蕊，重之摘芽，呼之茗草，号之作茶。贡五侯宅，奉帝王家，时新献入，一世荣华。自然尊贵，何用论夸！"

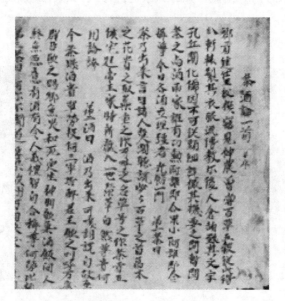

图 12　敦煌《茶酒论》书影，现藏于佛国国立藏书楼

听罢，酒就不乐意了，直言其可笑——自古而今，上至君王，下至群臣，都以饮酒为乐，酒甚至与"仁义礼智"直接挂钩：

> "可笑词说！自古至今，茶贱酒贵。箪醪投河，三军告醉。君王饮之，叫呼万岁；群臣饮之，赐卿无畏。和死定生，神明歆气。酒食向人，终无恶意，有酒有令，仁义礼智。自合称尊，何劳比类！"

全文在反复的辩论回合之中，以拟人的手法将酒与茶的历史地位与文化价值铺陈开来，形式颇为谐趣，但茶酒之辩的议题却精深且复杂。有意思的是，这场胶着的尊卑之辩几个回合下来后，双方都未说服彼此，高下难判。最后不得不由"五谷之宗"的"水"出面调和："从今以后，切须和同。酒店发富，茶坊不穷。长为兄弟，须得始终。"如此，茶与酒结为兄弟之好。

只是，当我们翻开古书，阅读诗文时，总还是不免会看到诗僧们对茶的偏爱，在茶与酒的并置对比中，似乎两者高下立判。皎然的《饮茶歌·

诮崔石使君》一诗直言"此君（指茶——笔者注）清高世莫知，世人饮酒徒自欺"。毕竟茶使人清明，而酒使人沉昏。

巧的是，几百年后的日本室町时期，流传着一个以中文汉字写成的寓言式文本《酒茶论》（见图13）。在两千余字的文本中，雅号"涤烦子"和"忘忧君"的二人对坐，一人饮茶，一人饮酒。这个四无人声的春昼，不可容俗谈，于是"涤烦子"和"忘忧君"展开了一场茶酒之辩。双方各执一词，反复争辩茶与酒的尊卑、品德与功用，互揭其短，各陈己长。难分伯仲之际，一位"闲人"出面调停，说茶酒难分高下，皆是天下尤物，还是"酒亦酒哉茶亦茶"吧。显然，"涤烦子"和"忘忧君"的名号出自唐代诗句"茶为涤烦

图 13 《酒茶论》大正年间本（图片来自日本国会图书馆电子档案）

子，酒为忘忧君"。双方问答式的争辩叙事模式，也是中国民间故事类型的固有范式之一，与唐代遗书《茶酒论》如出一辙。结尾处，作者意犹未尽地留下了两行诗句，同样也指向茶与酒各美其美的立场：

> 松上云闲花上霞，翁翁相对斗豪奢。
> 吾言世界两美人，酒亦酒哉茶亦茶。

千百年过去了，如今茶和酒依然是人们生活中不可或缺的畅饮之物，茶文化和酒文化确也各美其美，彼此共荣，它们如同鲜活的命脉，流淌在一代又一代国人的血脉里。而在那片遥远的盛世土地上，佛门的清寂、市井的热浪、宫闱的乐章，都纷纷从古人的丹青笔墨中延续至今，如在眼前。

(五)唐风宋韵东渡

据日本文献《奥仪抄》记载,"日本天平元年,中国茶叶传入",彼时正值唐开元十七年(729年),距陆羽《茶经》成书还有三十余年。最早的日本饮茶记录出现在弘仁五年(815年)的《空海奉献表》,这份记载了空海和尚(774—835)日常生活的文本曾简要写道:"观练余暇,时学印度之文,茶汤坐来,乍阅振旦之书。"若这份个人经历载录的是可信的实际情况,那么九世纪早期,日本僧人的闲暇之余已有饮茶之举。

《日吉神道秘密记》载录了日本最澄和尚从中国引入茶籽的事迹:相传公元805年,最澄和尚(767—822)赴天台学习教义,返日时带回了天台山的茶籽,播种与位于京都比睿山麓的日吉神社,结束了日本列岛无茶的历史。虽该文献的真实性仍有争议,但日吉神社园内至今矗立着"日吉茶园之碑",碑文有"此为日本最早茶园"之句。

以上记载如果都不足以作为确证,那么日本史书《日本后纪》作为确切的日本饮茶记载,是较为可信的直接文献。那是在唐宪宗元和十年(815年),时值日本弘仁六年,当时日本嵯峨天皇出行礼佛,来到梵释寺,"停舆赋诗",奉迎的大僧都(即僧官)永忠和尚(743—816)亲自为天皇沏茶。这一事迹见于史书《日本后纪》:"……更过梵释寺,停舆赋诗。皇太弟及群臣奉和者众。大僧都永忠手自煎茶奉御,施御被。即御船泛潮。"这位奉茶的永忠和尚于公元775年乘坐遣唐船来到唐朝,并在长安生活三十年,在公元805年返回日本,他在御前煎茶之举,使天皇大受震撼,命人在关西地区植茶,以备每年进贡。

日本饮茶史上,茶饮最初仅限于日本贵族阶层内部,并曾一度衰退。直至十二世纪末,荣西禅师(1141—1215)从中国带茶籽、茶种返回日本,种植茶树,逐渐复兴了饮茶诸事,广及佛寺、武士阶层。荣西是日本茶道发展史上的里程碑人物,被后人推崇为"日本茶祖",来华僧人中,他是最杰出的一位。荣西曾两度入宋,潜心修习禅学,长期参禅习佛的庙堂生活也滋养了他对宋茶文化的精深体悟。

在他临终前才最终定稿的《吃茶养生记》是一本盛赞茶德的汉文书稿，也是日本已知最早的有关茶事的著作，被称作"日本的《茶经》"——由此也可见陆羽《茶经》在日本的影响力。该书从禅修与延寿的角度，大力提倡饮茶，书中开篇便写道："茶者，养生之仙药也，延龄之妙术也。山谷生之，其地神灵也。人伦采之，其人长命也。天竺唐土同贵重之，我朝日本亦嗜爱矣，古今奇特仙药，不可不摘也。"以"仙药"和"妙术"盛誉之，荣西对茶的嗜好与推崇可见一斑。

荣西来华期间正是我国茶文化发展鼎盛的南宋，《吃茶养生记》记载了这一时期流传于江浙一带的饮茶方式："方寸匙二三匙，多少随意，用极热汤服之，但汤少为好，其亦随意，殊以浓为美。"这显然与唐代陆羽时代的饮茶有所不同了，荣西这里说的"方寸匙"舀取的是什么呢？这就要从他传入日本的南宋新茶法说起了（我们在下一章会再细谈）。由于此前的饮茶法需要将茶青采来蒸熟、捣烂成饼、烘干收藏，饮用时，再把茶饼烤软、碾碎、煎煮，着实有些费时费力。到了南宋，荣西传到日本的饮法则简省得多：当下采摘制作、散叶保存，饮用时磨成粉，直接点饮。整个过程保留了茶的鲜度，末茶点服，直接进入体内，也能够更充分吸收茶青，荣西在《吃茶养生记》中说到的，方寸小匙大概两三匙，舀取的正是被碾磨成粉状的末茶。

这种点茶之法受到日本人民的欢迎，时至今日，日本茶人依然在改良后沿用着宋代末茶的点饮之法。整个备茶的过程称为"点茶"，即将粉末状的茶舀取入茶碗，在碗中注入沸水，以茶筅快速有力地上下前后搅动，直至茶汤表层形成粘稠细密的泡沫，即可吸饮。有趣的是，我们会发现当代日本的茶人们所喝的抹茶，茶沫多为鲜绿色。与之不同的是，中国的宋代茶人，崇尚"茶色白，宜黑盏"、"茶色贵白"（蔡襄《茶录》）。这非常直观地体现了日本茶文化对中国茶文化的吸收与改造。长期以来，日本茶人们试图保留茶叶本身的自然之色，并视其为至美的生命与精神。

到了宋代，中日茶文化的传播与交融还在继续。在十三世纪初期，掌控镰仓幕府实权的北条家族十分仰慕中国杭州的径山兴圣万寿禅寺，增派大量日僧前往径山求取禅理。宋代的径山寺为"五山十刹之首"，具有很高的地位。《径山史志》载，"径山古刹的开山祖师法钦钟茶，初为供佛，后至请客。请客饮茶还有专门仪式和茶具，名曰'茶宴'。"径山的禅堂茶礼规制严谨、法式严格。南宋的禅寺茶礼在《敕修百丈清规》（1335 年成文）中有完整记载，这是我国宋元时期禅堂茶礼的最高总结，也是径山茶礼的重要历史佐证。

以径山茶宴为代表的宋代禅堂茶礼的移植东渡，与"圣一国师"[1]圆尔辨圆（1202—1280）有直接的关系。南宋端平二年（1235 年），三十四岁的圆尔辨圆前往径山寺巡礼求法，期间掌握了径山的种茶、制茶与茶礼，返回日本时他带去了径山茶种，栽种于静冈的故乡小村。与径山茶种同时被带回的，还有大宋国《禅院清规》一册。在传法过程中，圆尔辨圆效仿宋代的禅院清规，结合日本实际，制定了《东福寺清规》。文中明确规定，从径山寺习得的丛林规式必须一应遵行，永远不可偏废，其中自然包括禅寺的茶宴仪式。直至今日，日本东福寺依然会在每年圆尔辨圆忌日当天举行"方丈斋筵"，沿留着径山寺茶礼的缩影。

唐宋期间，另一个推动日本茶文化发展的直接要素便是中国茶书的传入，其影响历久弥坚。例如，陆羽《茶经》一书，就为日本茶道这一综合文化艺术形式勾勒了具体可行的内容基础。以茶具来说，陆羽在"四之器"中细数了二十四种不同茶具的质料、尺寸、用途等。我们会发现，这些器物的使用也几乎全都对应在今天日本茶道的践行中（见图 14）。

至明末，一代僧杰隐元禅师（1592—1673）乘坐郑成功的渡船抵达日本，将明代的文人茶风传入日本京都的黄檗山万福寺（为隐元所创）。由此，雅号卖茶翁的高游外（1675—1763）在日本创立了使用叶茶的日本煎茶道，被称为"煎茶道中兴之祖"，与奉千利休（1522—1591）为尊的抹茶道分

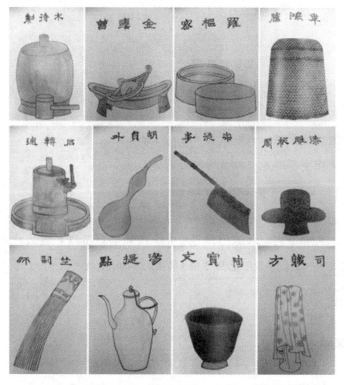

图 14　南宋审安老人撰写的中国第一部茶具图谱《茶具图赞》，
　　　　这些茶具传入日本后得到沿用

流，形成日本茶道的双峰之势。时至今日，人们常说的"日本茶"从制茶技术和饮茶方式而言，依然分为"末茶"与"煎茶"两大类，其中"末茶"又细分"薄茶"与"浓茶"两类。如今日本茶道流派纷呈，其中最以表千家、里千家和武者小路千家三家为知名，饮茶之事也早已渗入日本人的日常生活之中。客来饮茶，是日本人日常不可或缺的基本礼仪，一碗茶中见人情。饮茶活动在日本人文化生活中的重要性，也可以从日语词汇"日常茶饭事"中窥见一二。

　　或许，我们也能像画圣笔下的画中人一样，架起茶炉，置上炭，生上火，煮一壶清泉之水，撷取香叶嫩芽，将茶盏捧在手心，在弦声雅乐中啜饮一口舌尖的清冽，跟着卢仝（795—835）在茶香中放歌——即便这位落魄的"茶仙"是在借茶消愁——

一碗喉吻润，二碗破孤闷。

三碗搜枯肠，惟有文字五千卷。

四碗发轻汗，平生不平事，尽向毛孔散。

五碗肌骨清，六碗通仙灵。

七碗吃不得也，唯觉两腋习习清风生。

（卢仝《走笔谢孟谏议寄新茶》）

注：本文部分内容收录自陆颖《从唐风宋韵到茶道：茶文化在日本的发展与演变》一文，参见《光明日报》第13版"国际教科文周刊"，2022年3月24日。

📝 参考文献

[1] 滕军：《中日茶文化交流史》，北京：人民出版社，2004年。

[2] 陈文华：《中国茶文化学》，北京：中国农业出版社，2006年。

[3] 丁文：《大唐茶文化》，北京：东方出版社，1997年。

[4] 钱钟书：《谈艺录》，上海：生活·读书·新知三联书店，2019年。

看风小盏三升酒，
寒食深炉一碗茶

飞起绿尘埃：赵佶梦中的盛世清欢

儒林华国古今同，
吟咏飞毫醒醉中。

序言

二零一六年夏天，日光炽烈。我与老茶人相识在一场偶然的文人聚会中。

那是一片景区西郊的茶林，山水佳气间，隐逸了一座云林茶室。老人严谨地穿着汉服，衣襟整齐，花白的头发束起，用一根竹簪固定在脑后，一开口，却是带点口音的欧式英语。他来自北欧那个盛产童话的寒冷国度，年幼时沉迷东方学，幼年时弃学游走，先到印度修行，后执意前往中国，意欲寻访东方的精神家园。只是不巧，撞上了风起云涌的二十世纪六十年代。于是无奈辗转日本，所幸在古都看到了梦境中的盛唐气象。他最终停下了东渡的脚步，卸下行囊，在"哲学小道"边租下了一间破木屋。这一住，就是近五十个年头。

老人离开杭州的前一天，我们在河坊街小巷子里一家古朴的书法用品商店徜徉。老人精挑细选了斑竹制的置书架、毛笔和西泠印泥，他说他正在练习中国书法，只是苦于不懂中文，站在卷帙浩繁的书法字帖前，他显得手足无措。他从自己残旧的竹编藤包中掏出一个小册子，指着上面的字体说：我不知道他的中文名字怎么说，但我只临摹他的字帖，请你帮我找一找。

我接过老人手中的册子细看，这个令他魂牵梦绕的中国书法家，原来是宋徽宗赵佶。

（一）醒醉中

他是宋赵王朝第八代皇帝，宋神宗第十一个皇子。

他出生前，神宗梦见神情俨雅的南唐后主李煜，断定此子必定文采风流，过李主百倍。此虽坊间传闻，但这初生的皇子身上，确有南唐后主的艺文神韵。

他十八岁被立为帝，极尽享乐之奢靡，常有惊世之陋举，大失帝王之德行。

他驰骋笔墨丹青之雅事，风华绝代，有旷世之才，堪称"天纵将圣，艺极于神"。

他重才惜才，发展宫廷画院，培养大量书画艺人，以一己之艺能将宋代的艺术价值浓墨重写。

他推崇道教，自封"教主道君皇帝"，身着道袍，抚琴泡茶，摆花弄草，寄情山水之间。

他荒于治国，重文轻武，仅在位二十五年，被后人视为昏君，背负北宋亡国之恶名。

他被金人俘获，成为宋赵王朝的靖康之耻，获封讽号"昏德公"，含辱亡毙于他乡。

今年夏天，在严防疫情的紧张气氛下，我与二三好友一起探访了绍兴永佑陵。小雨淅沥，山林寂寂。徽宗最后被安葬的小土丘位于绍兴郊外三十五公里处，陵墓在元朝时被掘盗，如今人迹罕至，看起来荒凉且寥落。是啊，在这个人人追求碎片化快速娱乐的时代，一个九百年前亡国的昏庸君主，又怎会引起追捧的热情呢？

然而，我们依然执拗地愿意去相信：徽宗是有血有肉的君王。试问，一位能够洞悉自然之至美、感念艺术之灵动、书写生命之可贵的人，怎么可能不热爱自己的子民与疆土呢？他真的毫无治国之才吗？似也不尽然——徽宗在位期间，通过军事和外交手段收复了此前被契丹占领的燕山以南的幽州地区，巩固了宋朝北方边境，使王朝的边境线得到了前所未有的稳定。或许他只是欠缺一些聪明、一些所谓的为人处世或知人善任的聪明；多了一些放浪形骸的脾性、一些帝王君主本不应沾染的恶习陋习。但是他必不乏大智和大爱，至少在金兵攻陷城池时，徽宗毫不犹豫开放了皇家禁院，将逃难的百姓安置在自己重金打造的园林中，暂避战争炮火。

此刻，我们依然执拗地愿意去诉说：试图走进他的世界，去倾听他的诗画琴歌，去凝视他的丹青画墨，只单纯因为他是一位名副其实的艺术家[1]——即便他阴错阳差地出生在帝王家族，即便他可能承担了本非他所愿的社稷抱负。

赵佶的艺品不凡，一言以蔽之——"诗书画印"。

他的书法造诣极高，自成体系，在薛曜、褚遂良的书法基础上，开创"瘦金体"一派，瘦挺而不失风骨，柔和却侧锋如兰，有铁画银钩之美誉。同时，赵佶"别无他好，惟好画耳"，其绘画造诣令人惊叹，堪称我国工笔画的最高典范之一，继承了"黄家富贵，徐熙野逸"的画路，描摹写物时，又践行谢赫"应物象形"的画论，后受宋代文人画运动的熏陶，注重笔墨刻画，描摹入微又畅达粗放，诗意盎然，绝非俗品。在赵佶的绘画作品中，

---

1 学术界对宋徽宗书画作品的作者的真伪性颇有争议，提出过"代笔"的推测。比如本文提到的《文会图》《听琴图》等，在《石渠宝笈三编》和《石渠随笔》中虽有录入，且一般认为出于赵佶手笔，但谢稚柳在《宋徽宗赵佶全集》中认为，"均非赵佶所画，也都是御题画而已"。本文对此统一不作探讨。

我们还经常看到"天下一人"的花押(见图1),他巧妙地将四个文字组合为四个笔画,化繁为简,类似现代人的个性签名。这个徽宗专属签名,既有不想让人看明白的刻意调皮,又有"老子天下第一"的倨傲不羁,被后世誉为"绝押"。与"天下一人"的花押并称为徽宗个人标志的,还有双龙小印(见图1),在他喜爱的作品中,我们都不难找到这方铃印。

图1 "天下一人"花押与双龙小印

邓白先生《赵佶》一文曾评价赵佶的诗才:"为他的书画所掩,不以诗名世,然从他的题画诗中,不论五绝或七律,都流丽清新,格律谨严,显示了宋诗的本色,足见他诗、书、画可称'三绝',非附庸风雅者可比。"可见其文采斐然,并不逊色于书画之才。较为令人动容且为后人称道的,是徽宗被俘时期所作的《宴山亭·北行见杏花》,据载这也是他的绝笔:

> 裁剪冰绡,轻叠数重,淡着燕脂匀注。新样靓妆,艳溢香融,羞杀蕊珠宫女。易得凋零,更多少无情风雨。愁苦,问院落凄凉,几番春暮。
> 凭寄离恨重重,者双燕,何曾会人言语。天遥地远,万水千山,知他故宫何处。怎不思量,除梦里、有时曾去。无据,和梦也新来不做。

这时徽宗饱受金人"牵羊礼"的侮辱，眼见嫔妃宫女受辱惨死，不由发"羞杀蕊珠宫女"的悲叹。故国路远迢迢，原本还能在梦中探访，久之，连梦境都没有了，无限愁苦涌上心头。这不禁让人想到李煜的独自莫凭栏，李主也悲叹着"无限江山，别时容易见时难"，北宋由盛世转向亡国仅三年时间，转眼物是人非，梦幻泡影，"流水落花春去也，天上人间"。

如此，再回过头来看盛时北宋的风光，品读《清明上河图》的热闹街市，或静观人文雅集的风轻云淡，似也都带着一层隐秘的阴翳与悲戚，徽宗在《文会图》题画诗中写（见图2）：

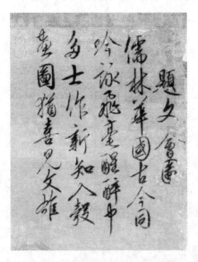

图2　（北宋）赵佶，《文会图》局部，台北故宫博物馆藏

儒林华国古今同
吟咏挥毫醒醉中
多士作新知入彀
画图犹喜见文雄

行文间，尽是对儒林强国的壮志豪情，对文雄雅士的歆慕与欣赏。通过画作，我们可以看到宫廷艺人们齐聚一趟，或吟咏诗文，或挥毫丹青，

举杯邀盏，茶过三巡，确实也在这半醒半醉之间，游于艺林幻妙之处。这"醒醉中"三字，不仅仅是《文会图》中文人雅客们醉酒、醉茶的微醺状态，或许也如箴言般，暗合了赵佶的命途浮沉，道出了他不合时宜的文心与才情。醉醒之间，如梦一场。

(二)文会图：看食、合食与分茶

《文会图》描绘的是宋徽宗与在朝文官们的宫廷聚会的场景，画作以全景绘画的方式表现了北宋时期文人雅集的典型程式(见图3)。我们看到，庭院场地外侧有栏杆围护，曲池相拥，假山旁临，庭院内部有杨柳翠竹，树影婆娑，树下摆放三个案台，由近及远将画面分为备茶桌、餐桌、琴桌三个景观空间。

图3　(北宋)赵佶，《文会图》主体部分，台北故宫博物馆藏

最远处的琴榻上，有香炉一盏，瑶琴一把，琴谱数张，可见抚琴已毕，弹琴的人或许已经回到餐桌，抑或正立于树下相互交谈。画面正中间的方形大榻是文士们围坐的中心，案榻上有序地摆放着果盘、杯盏与酒樽，文官们闲适地落座，或举杯，或凝思，或把酒言欢，或左右私语，意

态从容，神情祥和。案榻上居中位置落座的白衣文士应为赵佶本人，只见他一手捋须，轻挽衣袖，侧头遥望远空，姿态悠然，侍者在侧端茶、备茶。画面中的徽宗与文士们其乐融融，并无君臣之隔。彼时，宋徽宗提拔了一批颇有才情的文士担纲朝中要职，同时尊崇道教，在许多绘画作品中，我们都能看到他白衣道袍的形象，如《听琴图》中的抚琴人（见图4）。

图4　（北宋）赵佶，《听琴图》局部，北京故宫博物院藏

我们能够从《文会图》的餐桌场景看到北宋宫廷宴请的场面及宋朝文人雅集的一般饮食习惯。桌上食物多样，碗碟的摆放形成明显的秩序感，中间部分共四行，每行各摆放十六个饤盘，外圈有对称摆放的果盘和香花。问题是，置于中间部分的果盘及菜碟实则并不便于取用。为什么要作此摆放呢？

这要从宋代盛行的"看食"风气说起[1]。我们知道宋人注重祖宗传下来的礼法，饮食之事虽算不上祀与戎之类的国之大事，但也举足轻重，如"祖宗旧制：不得取食味于四方"。南宋吴自牧的《梦粱录》曾记录宋朝的城市风貌，书中第三卷"皇帝初九日圣节"一条谈到：

1　也有学者认为，方形大桌居中位置摆放的果盘碟是作为茶点食用的。

御厨制造宴殿食味，并御茶床上看食、看菜、匙箸、盐碟、醋樽，及宰臣亲王看食、看菜，并殿下两朵庑看盘、环饼、油饼、枣塔，俱遵国初之礼在，累朝不敢易之。

意思是说，为了尊崇和保护建朝之初的礼制(国初之礼)，有些食物是只能看不能吃的，后代不敢轻易更改，"看食、看菜"就是这么来的。《文会图》虽然并非皇帝日圣节(生日宴)的宴饮制式，但根据图中菜碟的摆放数量与形式，可见宴请规格并不低。摆放在《文会图》方形大榻中间的菜碟和花果盘只供观赏，并不能食用。文士们真正能够使用和食用的是放在座位正前方的筷箸、台盏、碗碟与小食。

方榻的对角线位置，摆放有两个"注子"，方便随时温酒、添酒。注子，或称酒注子，是古代温酒、注酒的容器，始于晚唐，盛行于五代至宋元时期。宋代高承约《事物纪源》记载"注子，酒壶名，元和间(806—820)酌酒用注子。"宋时，注子与注碗配套使用，注碗中加入热水，将注子置于碗内，就可起到温酒的作用。在酒席上，注子既是温酒器，又是盛酒器(见图5)。

值得一提的是，画中涉及中国古代的重要用餐形式——分餐与合食。我们知道唐代以前，人们一直以各自的食具分别用餐，即分餐。在大量文字记录和绘画中，我们都能看到古代分餐制的宴饮场景，比如顾闳中的名作

图5　注子与注碗

《韩熙载夜宴图》就描绘了南唐名士的聚会。画面中，士大夫分坐在各自的靠背大椅上，面前摆放有相同大小的长方形几案，案桌上是完全相同的食物与进食餐具，彼此互不混用，是文人聚会时典型的分餐制场景(见图6左)。但《文会图》中的宴饮场景略有不同，文士们共享一个大餐桌，四面

围坐，每个人的餐桌正前方，放置着同样制式的碗碟、筷箸和茶具。这意味着，即便大家共用同一个餐桌，但基本上是各自分餐进食（见图6右）。这种"聚餐分食"的中间状态，沿用了分餐传统的同时，也提高了食物膳品增多后的共享便利。

图6 左：（南唐）顾闳中，《韩熙载夜宴图》局部；右：（北宋）赵佶，《文会图》局部

分茶桌是《文会图》前景中的重要画面空间，相较于方形大榻，分茶桌上茶具和酒具都相对简洁，但这个画面暗含的文化内容却绝不简单——它向我们全面展示了宋代茶文化的重要组成部分，即宋人备茶、分茶、饮茶的过程[1]（见图7）。画面中有左右两个方桌，每桌各有两人分立，左侧两人正在点茶、分茶，右侧两人则在备酒，另有一小童坐在不远处喝茶小憩。宋代将分侍茶酒的人称为"茶酒司"，备茶画面向我们展示了茶酒司的工作细节。

图7 （北宋）赵佶，《文会图》前景

_____

1 也有学者将这一场景解读为宋代茶酒宴最后的喝茶醒酒环节。

右侧较低矮的方桌是一个备酒桌，上面放置着两个温酒的注子，侍者正准备热水注碗温酒，以供文士们继续畅饮。左侧白色黑边的方桌上，放着钵盂、勺子、茶盏和盏托，显然是为点茶所备。画面中立于中间的青衣侍者，左手提着盏托，茶盏色青，盏下有黑色的茶托，应为漆制；右手持长柄茶杓，正在将点好的茶汤从茶瓯中盛入茶盏。白色方桌左侧，由近及远还摆放着都篮[1]、水缸和方形燎炉，炉上正温着两把用以注水的执壶，均是典型的备茶、点茶工具。

完整的点茶步骤较为复杂，《文会图》并未作全面绘制，根据宋徽宗《大观茶论》一书记载，点茶首先需要经过碎茶、碾茶和筛茶的前期准备，将茶末碾磨细腻，置于茶入中，每次冲泡时，舀取小勺，放入茶盏，第一次少量注水，用茶筅轻轻击拂，搅拌均匀，这就是"调膏"；随后依次注水六次，分别以茶筅击打搅拌，直至茶汤呈现乳白色，表面泛起"汤花"且能较长时间"咬住"杯盏内壁，这就算点泡出了一杯好茶（流程示意见图8）。蔡襄《茶录》说宋人饮茶，"茶尚白"，茶色越显纯白，则越为上品。

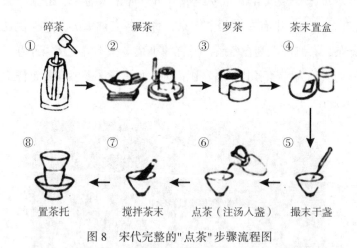

图 8　宋代完整的"点茶"步骤流程图

1　图中纸封黑漆竹木构架，即专门用以携带茶器的容器，称为"都篮"，陆羽《茶经》中描述之："以悉设诸器而名之。以竹篾，内作三角方眼，外以双篾阔者经之，以单篾纤者缚之，递压双经作方眼，使玲珑。"

陆羽《茶经》最早将饮茶的器具称为"茶器"，将采制茶叶的器具称为"茶具"，这种称呼用法一直延续到北宋。南宋时期，审安老人撰写了中国历史上第一部茶具图谱《茶具图赞》，他统一将饮茶品具改称为"茶具"。这本图谱为我们今天辨析绘画中的茶文化元素提供了重要的文本依据。比如《文会图》中，徽宗身旁的茶酒司手捧茶盏和盏托，谨慎供茶、奉茶的场景（见图9），与《茶具图赞》中提到的盏与托的配套规范一致，前者画面中的茶器包含青白瓷（白色，图9左）与漆器（黑色，图9右），表明北宋时期茶器的质地已不再单一，且不同材质的茶具可作灵活搭配。《茶具图赞》收录了一枚名为"漆雕秘阁"茶托（见图10），强调漆雕工艺，雕工细致，形制典雅，与《文会图》的茶托形状一致。

图9 《文会图》细部的茶托与茶盏

图10 《茶具图赞》中的漆器茶托"漆雕秘阁"

通过细节推断,《文会图》描绘的文人雅宴应是茶酒正酣或临近结束时的场景。此时,文士们已享用了果脯,谈笑间酒过三巡,且吟诗且抚琴。宴饮过后,人们常常会饮茶。一则为了醒酒;二则,饱腹后饮茶成为不成文的禅林制度,颇具禅意。饮茶在北宋时期,已被赋予形而上的意蕴。为什么这么说呢?早在北宋初年,第一部官修禅书《景德传灯录》记录了这样一段对话:"僧问:'如何是和尚家风?'师(吉资福如宝禅师)曰:'饭后三碗茶。'"修禅之人认为饮茶是禅悟、修行的必备饮品,有助于静心、净性。

宋徽宗曾将茶视为"缙绅之士"的"盛世之清尚",将饮茶活动与人的品质和德行结合在一起,陆羽《茶经》中也说茶"最宜精行俭德之人"。宋时饮茶风气之盛,遍及民间街巷,人们甚至以点茶艺品之高低,来判断一个人的品德高低。

(三) 茶去:文会、佛会与市井

中国历史上,专为某项饮食活动而著书立传的皇帝,大概只赵佶一人了吧。

大观年间,他完成了《茶论》一书,因成书于大观年,故也被后人称为《大观茶论》。全书对北宋的蒸青团茶制作进行了详细记述,对北宋斗茶、点茶的风尚也作了精辟的解读。在赵佶看来,饮茶不仅是一种雅集宴饮的娱乐活动,更是生活方式,是一种具有精神性意涵的修行。全书序文中说到,茶之灵秀出尘,绝非庸俗粗鄙之人可意会:

> ……至若茶之为物,擅瓯闽之秀气,钟山川之灵禀,怯涤滞,致清导和,则非庸人孺子可得而知矣;冲淡简洁,韵高致静,则非遑遽之时可得而好尚矣。

一方面,赵佶强调饮茶的实践技术层面,即优质的茶源、纯净的饮水、合适的器具等;同时,他要求泡茶之人具备对茶道的深刻理解,具有高洁的自我修养。茶，不仅只是一种来自大自然、汲取天地精华的灵性之物，更是精神与品格的象征。饮茶，便也成为一个人清新脱俗的精神象征。宋代茶道的发展是天时、地利、人和的综合作用，当政者的推行、人文艺术的洋溢、器物工艺的发达、名茶种类的层出不穷，共同推动宋代茶文化走向历史巅峰。

当时的制茶工艺好到什么程度呢？赵佶自己在《大观茶论》中提到贡茶"龙团凤饼"，说其"名冠天下"，制茶工艺也已经到了登峰造极的地步："故近岁以来，采择之精，制作之工，品第之盛，烹点之妙，莫不盛造其极。"同样"盛造其极"的，还有茶具的制作工艺。比如以景德镇为代表生产的青白瓷，青中泛白、白中透青，是宋代美学"大道至简"的典型。特别值得一提的，还有堪称成品几率百万分之一的建盏——曜变天目。它色彩艳丽炫目，与我们认知中追求至纯、至简、至美的宋代茶器风格背道而驰，打破了"简"的框格，远算不得清雅，却被认为是无上神品，备受皇家贵族青睐。世界上现存的曜变天目全品仅三只，现均藏于日本且被认定为国宝。2020年夏，杭州净慈寺举办了主题为"慧日峰下——宋代僧家茶事"展，首次公开展出了国内仅存的半只曜变天目残盏(见图11)。

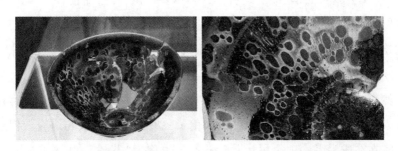

图11 杭州出土的曜变天目残盏，南宋，（2020年7月于杭州净慈寺首
　　　次公开展出，笔者拍摄）

一般我们所说的曜变天目专指福建建州(今建阳)生产的茶盏，胎质灰褐色，由于高温烧制过程中形成不规则的气泡，冷却后在青黑的釉色中出

现耀眼的光斑。制作过程中的不确定性，使曜变本身充满了玄妙的魅惑力。由曜斑折射出的光影，在不同的光照下变幻出层层洇散，让我们看到如同宇宙星辰般的玄秘色彩。器物大美，人制其形，而韵归自然。

苏轼的诗中，将当时丁谓、蔡襄的贡茶与唐代的荔枝相媲美——纵有品类之珍稀、技艺之超凡，却实为百姓之苦，民间多为之所累，苏诗中大有批判之意：

> 永元荔枝来交州，天宝岁贡取之涪。
> 至今欲食林甫肉，无人举筯酹伯游。
> 我愿天公怜赤子，莫生尤物为疮痏。
> 雨顺风调百谷登，民不饥寒为上瑞。
> 君不见，武夷溪边粟粒芽，前丁后蔡相宠加。
> 争新买宠各出意，今年斗品充官茶。
> 吾君所乏岂此物，致养口体何陋耶？

由此可见，宋人的饮茶之风"在朝堂"与"在街巷"，应当是不一样的画面。以《文会图》为代表的宫廷雅集，多以琴、棋、诗、酒、茶、花的组合为主题，是宋代社会上层饮茶风流的呈现，即典型的"文会"场景。与之相应的绘画作品甚繁，其中聚焦于饮茶的还有宋徽宗的《十八学士图》(见图12)，内容与《文会图》如出一辙。

然而，宋代的市民阶层才是饮茶人数比重最大的群体，与帝王宫廷中的文人雅集不同，底层生活的市民简化了一些饮茶的制式与讲究，但斗茶却实实在在成为了一项全民运动。斗茶，也称为"茗战"，据《茶录》记载，斗茶之风起源于贡茶之地建安(今福建)，指的是茶人之间评比茶品的高低及点茶技艺优劣的活动。斗茶之风始于唐末五代时期，宋时风靡全国，上至王侯士大夫，下至平民老百姓，均热衷于此。自宋代以降，描绘民间斗茶场景的绘画作品不在少数，比如南宋刘松年的《斗茶图》《茗园赌市图》、宋末钱选的《品茶图》、元代赵孟頫和明代顾炳德的《斗茶图》等。这些作品

图 12　（北宋）赵佶，《十八学士图》局部，台北故宫博物院藏

对斗茶的描绘极为细致，着力表现茶饮的流程。民间的饮茶故事，似乎带着更鼎沸的温度，夹带着街头巷尾的嬉笑怒骂，伴随着浓郁的市井气息，茶香也透过笔墨，飘飘荡荡地迎面而来。

　　以传为刘松年的《斗茶图》为例（见图 13），图中一棵苍劲老松下方，四个茶贩歇担而立，右侧三人手中均持有油纸伞，可见是在外的行旅人，偶遇于树下，于是放下各自茶担，相互斗茶。画中右侧二人已经手持茶盏，左侧二人一位正执壶注水，另一位则向风炉扇风煮水，茶担上有序摆放着茶炉、汤壶、茶盏、茶罐、蒲扇、汤瓶等器具。

　　与《斗茶图》中四人平静祥和的氛围不同，《茗园赌市图》（传刘松年作）强调赌市的紧张气氛，具有更浓烈的民间生活气息，这幅画被称为宋代民间斗茶图的高潮，是南宋街头茶市上买卖茶叶、斗茶品茶的市民生活写照（见图 14）。绘画中间位置是正在斗茶的五人，构图与《斗茶图》大体一致。画中茶贩或注水点茶，或提壶准备，或举杯品茗，绘画人物描绘细腻，神情生动，淋漓尽致地描绘出一幅市井茶商的街头斗茶画面。这幅画中的注水提壶都是长吻汤瓶，茶人们直接将水注入茶盏，画面中也并未呈

图 13 （宋）刘松年，《斗茶图》，台北故宫博物院藏

图 14 （宋）刘松年（传），《茗园赌市图》局部，台北故宫博物院藏

现茶笼调羹的点茶步骤。由此推断，《茗园赌市图》中的斗茶也是直接冲点，根据茶汤的品味判断高低，"斗"的是茶之味、茶之香，这与北宋蔡襄所记载的"茶尚白、盏宜黑、斗色斗浮"的点茶，已有明显不同。可见南宋时期，泡茶法已在民间流行，南宋茶人弱化了具体的点茶技艺，将斗茶重点聚焦于茶叶本身的品质与品位。

那么，宋代茶画中有没有专门体现点茶场景的作品呢？自然是有的。我们接下去要分享的绘画作品，由两位南宋画家历时十年完成，五百年来颠沛流离，鲜少在世人面前展现过全貌，却被誉为"一部宋代风格的百科全书"。近年来，由于学术研究及艺术交流的需要，其中四幅画作开始出现在国内展馆中，即便隔着厚重的玻璃，国人依旧为一睹这神秘画作的真容而欣喜雀跃——这就是南宋佛教组画《五百罗汉图》（见图15）。

这组作品共计百幅之多，最初供奉于宁波惠安院内，南宋义绍在惠安院内做住持，邀请两位宫廷画师周季常、林庭珪绘制罗汉图。相传彼时，日本僧人前来天童寺求法，诚意感人，义绍便将罗汉图相赠。《五百罗汉图》抵达日本后经历百年坎坷辗转，现有88幅珍藏于日本京都大德寺，10幅藏于美国波士顿美术馆，另2幅藏于佛利尔美术馆。在作为茶画之前，《五百罗汉图》首先是一组格局恢弘的佛教绘画，是现存数量最多、规模最大、制作最为精美的宋代浙东地区佛教题材作品，它代表了罗汉信仰在浙东地区的建立。之所以在谈到宋茶文化的时候谈到佛教绘画，是因为宋代点茶的风尚在"佛会"场合中同样意义非常。

茶事与佛事密不可分。在中国历史上，饮茶的大普及、茶事的大发展、种茶的大开拓，均与佛门的嗜茶和僧人的种茶密切相关。早在初唐时期，禅宗得到广泛流传，其推崇的修心、简行和人人皆可成佛的教义与本土的儒家思想不谋而合，更易于为当时的知识界、贵族和庶民阶层接受。悟道、参禅、论法、说佛，都需要以饮茶来达到清心提神的效果，会客礼宾也是更离不开茶。对佛会饮茶的记载，早已有之，比如"他日愿师容一榻，煎茶扫地学忘机"，"野客偷煎茗，山僧惜净床"，佛家常有"禅茶一味"的说法，从中可见两者的深厚关联。唐代的敦煌遗书《茶酒论》中曾记

图 15 《五百罗汉图》之"罗汉会""浴室""备茶""吃茶"，藏于日本京
都大德寺(笔者拍摄)

录："名僧大德，幽隐禅林。饮之语话，能去昏沉。供养弥勒，奉献观音。千劫万劫，诸佛相钦。"禅林间、佛堂上，僧人饮茶醒神，以求更好地供奉诸佛。

　　《五百罗汉图》在国内展出的四幅画作描绘的正是罗汉会聚时的沐浴、备茶、饮茶场景，四幅画作中均出现了茶具或制茶、饮茶细节，并且翔实地勾绘出宋代佛会点茶的步骤。我们首先看到，《罗汉会》一幅中，有侍者手托茶盘，向宴饮的餐桌方向行走的场景。茶盘上放置了六个白色茶碗，我们猜测是直接通过泡茶法分饮的茶汤（见细节图16）。"浴室"一幅也是如此，罗汉们相继进入浴场沐浴，浴场入口处有一黑色方桌，桌上有汤瓶和茶罗各一只、茶托两套，倒扣的斗笠茶杯若干，俨然是为罗汉们饮茶自取所备。

图16　《罗汉会》细部图

　　主题更突出的是"备茶""吃茶"两图。《备茶图》中出现了八个人物，其中五位罗汉围坐参禅论道，一位蓝衣茶童立于远处，左手高举茶杓汲取山间泉水，右手执壶一把，形似《茶具图赞》中的"汤提点"（见图17）。

　　画面近景处有两位备茶侍者，左侧一位正在碾茶，右侧一位正手持蒲扇，扇风煮水。碎茶、碾茶的侍者席地蹲坐，正使用茶碾碎茶，身旁放着

图 17 《备茶图》细部对照《茶具图赞》之"汤提点"

一些碾茶用具,白色花口大碗上放着鬃刷与茶罗,该细节图中出现了宋代重要的茶器——茶碾子。该茶碾素烧无釉,碾槽下有基座,槽呈舟形,内有深槽,碾轮中间穿柄,以便使用。对比可知,图中茶碾沿用了审安老师编绘的"金法曹"(即茶碾)的制式(见图18)。

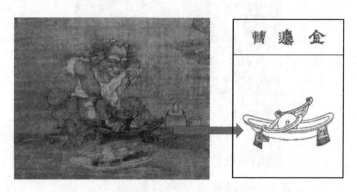

图 18 《备茶图》细部对照《茶具图赞》之"金法曹"

《吃茶图》直观地描绘了五位罗汉洗浴净身后,脱鞋打坐,汇聚饮茶的场景,人物手中均端了红色漆制茶托与黑色兔毫茶盏。另有一位青衣茶侍在侧,左手执壶注水,右手持茶筅,在注水的同时,为罗汉们依次点茶(见图19)。

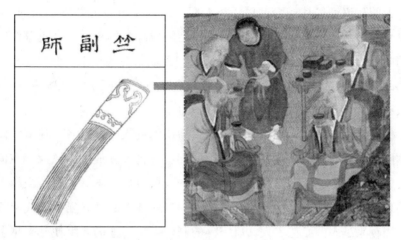

图19 《茶具图赞》之"竺副筛"对照《吃茶图》细部

赵佶在《大观茶论》中专门介绍"筅"："茶筅以筋竹老者为之。身欲厚重，筅欲疏动，本欲壮而末必眇，当如剑脊之状。盖身厚重，则操之有力而易于运用。筅疏劲如剑脊，则击拂虽过而浮沫不生。"宋代茶筅是由粗根的竹条剖开细穗，制作而成的。作为打茶工具，茶筅的出现无疑是宋代饮茶方式的巨大革新。在使用时，竹穗的条纹不仅有助于击拂茶汤，还能梳理出颇具美感的水纹。赵佶在书中对茶筅的使用技巧也作了详细说明，点茶时"手轻筅重，指绕腕旋"，击打茶汤后可达到"疏星皎月，粲然而生"的视觉效果。罗汉图中的"吃茶"应当也是一样的流程与步骤。佛会饮茶，常在自然禅林间，人们洗浴净身，修养身心，并取自然之活水，饮茶清谈，颇有天人合一的意味。

宋人葛长庚《水调歌头·咏茶》一词诗意地描绘了宋代采茶、制茶、备茶、点茶的过程：

二月一番雨，昨夜一声雷。枪旗争展，建溪春色占先魁。采取枝头雀舌，带露和烟捣碎，炼作紫金堆。碾破香无限，飞起绿尘埃。

汲新泉，烹活火，试将来。放下兔毫瓯子，滋味舌头回。唤醒青州从事，战退睡魔百万，梦不到阳台。两腋清风起，我欲上蓬莱。

词的上阕写道，二月新雨过后，茶人们纷纷采摘茶枝上新冒出来的雀舌，带着自然的雨露将茶叶捣碎，用茶碾子磨制成细腻的粉末，即飞散在空气中的"绿尘埃"。词的下阕说的是，茶人们汲取新鲜的泉水，燃炉起火，将煮沸的活水注入"兔毫瓯子"——也就是兔毫盏和茶瓯中，一碗热茶下肚，使人神清气爽，如入蓬莱之境，羽化升仙。

想必九百年前，那个在宫墙内侧遥望山海的人，在茶香中迷醉，以出于本能的艺术激情，书写并践行茶道，躬身律己，渐成饮茶风流。在他并不漫长的一生中，他定然无从知晓自己的身前身后名吧。只是，当越来越多的现代人走进茶室品茗，当越来越多的专业茶人研究并复兴宋代禅茶文化，当越来越多的匠艺工人钻研宋盏的制作方法，他的名字便越来越多地被人们记起。

赵佶，他从一个朦胧的盛世中走来，游于艺，敏于行。他的长袍在战火中焚烧，烟尘滚滚，幻化为亦醉亦醒中的梦境，梦中人委身于一碗茶的璀璨，痴迷于人间清欢。他手握丹青，放浪形骸，激起一地"绿尘埃"，飘扬了一个又一个世纪。

📝 参考文献

[1] 关剑平：《文化传播视野下的茶文化研究》，北京：中国农业出版社，2009 年。

[2] 廖宝秀：《宋代吃茶法与茶器之研究》，北京：国立故宫博物院，1996 年。

[3] 赵荣光：《中国饮食文化史》，上海：上海人民出版社，2014 年。

[4] 滕军：《中日茶文化交流史》，北京：人民出版社，2004 年。

晚来天欲雪，能饮一杯无？

以禅入画：六个柿子的东渡之旅

道人不是悲秋客，
一任晚山相对悉。

序言

1970年，美国波士顿美术馆为庆贺建馆百年，举办了"禅宗的绘画与书法"展。书法展展出了来自日本寺院、博物馆或私人收藏的大量禅宗书画作品，这是禅宗艺术传入美国后，第一次在西方世界大规模展出。在展览的配套图录中，波士顿美术馆使用了日语"禅"（Zen）的主题表述，并介绍该展览将通过中国禅宗艺术（Chan Art）与日本禅宗艺术（Zen Art）两个方面表现东亚艺术。可见彼时，西方艺术界是将中日两国的禅宗艺术置于相对独立的语境中来谈论的，日本的禅宗艺术直接推动了西方世界对东方禅宗文化的认知与探索。而事实上，禅宗绘画伴随着禅宗文化东渡日本之前，早已在我国中唐时期兴盛传播，至两宋时代达到高峰，石恪、梁楷、牧溪等人早已开一代先河。禅画创作日益盛炽，文人禅僧观画悟禅，蔚然成风。

(一)被遗忘的禅僧

一个又一个春秋冬夏，雪月交光；一个又一个日升月沉，世间法常。

牧溪，一个曾在国内籍籍无名的南宋画僧，却在日本被奉为宋徽宗的齐名者。他的笔触清寂空淡，朴拙无华，"无画处皆成妙境"，被誉为"日本画道之大恩人"。

今天，让我们先从牧溪的绝笔开始谈起——

那是十月的一个凌晨，法师醒来，推开窗格，清新的山间云气飘进来，还带着一丝夜间的沁凉。和寻常一样，法师拾掇了衣衫，清扫了院子里经夜飘落的残花与落叶，坐回案头。他挪开早已了然于心的佛经，提笔研磨，铺开一张新的毛边宣纸。法师抬起恬淡枯瘦的面庞，看到这个清晨的第一缕朝阳，正慢慢从山林的另一侧爬上来，他无声地勾起了嘴角。这时，窗外枝头传来清脆的鸟鸣，远山近水处，风行在水上，水下并不平静，偶有飞鸿点水，轻浮过水面。画僧起兴提笔，行云流水地写下一首《渔父词》，然后转身倒在床榻上，入寂而逝。这首绝笔《渔父词》，就是后来广为人知的《楞严一笑》（见图1）：

图1　弘一法师书《楞严一笑》

　　　　此事楞严尝露布，梅华雪月交光处。一笑寥寥空万古。风瓯语，
迥然银汉横天宇。

　　　　蝶梦南华方栩栩，斑斑谁跨丰干虎。而今忘却来时路。江山暮，
天涯目送飞鸿去。

好一句"一笑寥寥空万古"啊，好一句"而今忘却来时路"！迷离又绚烂，疏淡却澄明。牧溪这个名字像天宇间一团七彩的迷雾一般，牢牢攫住了读者的内心，多么豁然，多么通达，多么大气磅礴，却又那么的不动声色，月朗风轻。

在很长一段历史中，牧溪是一个被人们遗忘的画家。他孤高，但不倨傲，他修禅，却不遁世。他挥笔率性而作，画面一气呵成，但长期以来，他的作品因笔触的粗糙与布局的简略，被古典画派批评为"粗恶无古法"，在后世的中国画论史上，亦未得到应有的重视和肯定。在明清时期的画史记录中，关于牧溪的生平更是语焉不详，作品信息混淆不清。时光悠长，自明清以降，关于这位传奇画僧的文字已逐渐模糊于历史的长河，确切信息更无从查找了。

当代中日学界对牧溪生平的推演，亦莫衷一是。有人认为牧溪曾游历江浙，担任杭州六通寺主持；有人认为牧溪俗姓薛氏，是开封人士；有人说牧溪是寺庙杂役；有人说牧溪是无准师范[1]的法嗣……

我们姑且大致推测：僧法常，号牧溪（一作"谿"，两字通借），俗姓李，蜀人，是中国绘画史上，对日本画坛影响最大、最受日本喜爱与尊崇的画家之一，被尊崇为"不朽的画杰"——这大概与日本美学中的侘寂美学脱不开关系。1970年，日本作家川端康成在台北举办的亚洲作家会议上作公开演讲时，特别提到牧溪禅师的作品，称赞中国古代美学的"庄严而崇高"，带给人"颤栗般的感动"。东山魁夷描绘牧溪的绘画，赞美其具有"浓重的氛围，且非常逼真，而他却将这些包容在内里，形成风趣而柔和的表现……这是最适合日本人的爱好、最适应日本人的纤细感觉的"。我们今天想谈的《六柿图》与《栗图》便是牧溪东渡作品中最广为人知的两幅作品。

那么，《六柿图》和《栗图》是如何东渡日本的呢？

艺术作品的地域性流动必定根植于历史的脉搏和文化的交通。中国艺

1　无准师范（1179—1249），名师范，号无准，俗姓雍氏，四川梓潼（绵州梓潼县治）人，被誉为"南宋佛教界泰斗"。

术作品的大量外流在历史上有两次浪潮。第一次浪潮在"古渡"时期[1]，第二次在二十世纪初期。其中，法常所在的年代正是中日贸易繁荣的"古渡"浪潮，那时正值日本镰仓时期，大量中国陶瓷、织物和艺术品流入日本市场，在大洋彼岸被批量收藏。在从镰仓到室町的整个中世时代，日本由于长年的社会战乱，急需某种精神性的安慰和支撑，这为南宋的禅宗思想找到了传播和发展的可能，禅宗僧侣群体逐渐成为文化的传播主体，静谧出世的寺庙成为两国文化的中转站。

镰仓的圆觉寺存有一本《佛日庵公物目录》，这是宋元画流传日本的最早的藏品目录，记载了 38 幅自中国流入的绘画作品。其中，牧溪的名字与宋徽宗同列。当时日本禅宗和其他宗派的僧侣纷纷赶赴中国南部的千年古刹中求取佛法，学成后归国，同时也有中国僧人赴日传道。据统计，宋元时期前来中国游学的日本僧人多达二百五十余人，中国赴日的也有十多名。一来二去，这不仅成为了佛法传教的通道，也成为了文化艺术和风俗习惯的主要传播渠道。牧溪的绘画大约正是在南宋末年传入日本。

2019 年，"大德寺龙光院·国宝曜变天目与破草鞋"在位于日本滋贺县的美秀美术馆(Miho Museum)举行，除了展出同为南宋国宝的"曜变天目"茶盏之外，人们终于得以面见鲜少现世的牧溪作品——日本"重要文化财"《六柿图》和《栗图》(合称《柿栗图》)。这些珍贵的艺术瑰宝如同深巷里的梅香，神秘且悠长。大德寺龙光院是日本武将黑田长政为供奉父亲黑田孝高所建，于庆长十一年(1606 年)建立，龙光院里的密庵茶室是日本三大国宝茶席之一。牧溪的《柿栗图》被用作茶室挂画，几乎从未公开过。据传，某一年龙光院大火，有小和尚冒着生命危险冲进茶室，将一幅画裹进僧袍里救出，这就是《六柿图》。正如艺术学者所说的那样，"宇宙可以过去，但牧溪笔下的这几枚柿子却会万古长存。每一个观众都会一见不忘，留下

1　古渡时期又可大体分为两个阶段，我们推测牧溪活跃的时期在古渡的前一阶段，即十二世纪晚期至十四世纪。传入日本后，牧溪的画风与盛行于室町时代的茶道美学不谋而合，疏淡的水墨绘画也正符合茶室挂轴的审美趣味。

永不泯灭的印象，这正是'人生短、艺术长'的最好注脚。"

有趣的是，即便我们认真爬梳中国近代美术史，似乎也很难找到对牧溪作品的深入分析，潘天寿、傅抱石、俞剑华等人的著作均对牧溪作品只字未提。唯有陈师曾先生[1]在《中国绘画史》中简单评价："释法常（号牧溪）之白衣观音，无准禅师之禅僧相等，皆人所知也。其风尚助长草略之墨画，遂致文士禅僧墨戏之隆运。"这里提到的牧溪绘画"白衣观音"指的是他的三联轴作品《观音》《松猿》《竹鹤》（见图2），白衣观音居中，左右两边各有白鹤、猿猴各一，线条流畅、逸笔草草。美国著名的中国美术史学者高居翰先生评价牧溪的连轴作品，说其"墨色澹淡"，既没有雕刻斧凿的人工痕迹，"题材也不炫耀外烁之美"。

图2　（宋）牧溪，《观音猿鹤图》，绢本墨画淡彩，日本京都大德寺藏

牧溪是南宋禅画美学的代表性人物。笔触知白守黑，虚白有度，大量的余白带给人澄怀静观的自我观照，浸透至人的骨髓深处，如同佛语说的摒除妄念。寺庙生活较为简陋和自由，南宋的画僧们并不迎合主流画论审美，也并不受世俗品评标准的约束，不拘俗法，自成派系。元代吴大素的

---

[1]　陈师曾：中国近代著名美术家、艺术教育家，曾与鲁迅先生同窗。

《松斋梅谱》评价牧溪的禅画"皆随笔点墨而成，意思简当，不费装缀"。以牧溪的《六柿图》为代表，禅画的笔法简练迅捷，天然无雕饰，有一种返璞归真的稚拙、洒脱和通透。

（二）六个柿子及其他

顾名思义，《六柿图》描绘了六个柿子，我们也由此展开许多联想。譬如，这六个柿子置于室内，还是室外？是长在树上，还是放在盘子里？是堆叠在一起，还是平放为一列？是洗干净的，还是沾着泥土的？是完整的，或者已经被咬了几口？画面中应该描绘了一个云淡风轻的白天吧？又或者，是一个日暮西斜的傍晚？诚然，《六柿图》描绘了六个柿子，更准确地说，牧溪真的仅仅只描绘了六个柿子——时间或空间全部隐没于一片画纸的留白——甚至，连落款与印章也一并全无（见图 3）。

图 3　（宋）牧溪，《六柿图》，日本京都大德寺龙光院

柿子原产我国北部，栽种历史有 2500 年至 3000 年，相关的文字记录最早可推溯至《礼记·内篇》。柿子营养丰富，甜度适口，北方盛行吃冻柿

子或柿饼，尤其在寒冷的冬季，别有一番风味。由于柿子性热，不可与生冷、性寒的食物同时吃，所以古代食学或医学典籍中，不乏关于食用柿子的文字记录。如《本草图经》记载"凡食柿，不可与蟹同，令人腹痛大泄"；《琐碎录》记录了摘下未熟的柿子后，如何催熟："红柿摘下未熟，每篮将木瓜三两枚于其中，其柿得木瓜即发，并无涩味"。

因为能够抵御寒风而结硕果，柿子也成为文人墨客们用以自况高洁的精神象征。每逢深秋季节，悬挂于枝头的红柿也成为文人庭院中的独特风景。如唐代诗人刘禹锡《咏红柿子》：

晓连星影出，晚带日光悬。
本因遗采掇，翻自保天年。

又如北宋苏东坡，一觉睡醒后，抬眼看到满庭院的红柿子，遥想梦中故人，提笔写道：

柿叶满庭红颗秋，薰炉沉水度春篝。
松风梦与故人遇，自驾飞鸿跨九州。

每逢深秋，"九月柿子红似火，墙头累累柿子黄"的丰收景象，成为历代文人们寄情自然的兴发点，情绪或欢愉、或悲慨，意境或丰盈、或枯寂，每每都少不了红红黄黄的柿子意象。

与《六柿图》并列悬挂在龙光院的是另一幅作品《栗图》（见图4）。画面中也同样直白简略地描绘了一株结满了果子的栗枝条，旁无他物。作为食物的栗子，出现的历史比柿子久远得多。史前时代就已经发现栗子的踪迹，在法国，最古老的栗子化石可以追溯到中生代，是重要的经济和食用来源（尤其在战争年代）。西方有"火中取栗"的寓言，因此我们推测早期西方栗子大概是"烤"来吃的。栗子的痕迹在中国也早有可循，至少宋朝时期就有"艖炒栗子"，是人们日常生活中常见的食物与植物。若不然，也不可能被牧溪编绘入画。

图4　(宋)牧溪，《栗图》，日本京都大德寺龙光院

　　除了炒和烤，板栗熟食居多，食用方式也很多样。《红楼梦》中提到过板栗的"风干"做法。说是宝玉的怡红院屋檐下悬挂了一篮"风栗子"，一日，袭人因宝玉生气，赶紧岔开话头，说"我想吃风栗子，你给我取去"。袭人口中说的"风栗子"，就是把生板栗放置在竹篮里，挂在通风处，等水分风干后，方可食用。这时，栗肉微微起皱，口感柔软，甜味很足，吃起来颇有韧劲。中国人吃菜有很多花样，地方性差别很大，即便同样是糖炒栗子，以前北京人的"糖炒"其实并不放糖。在过去，老北京的酒肆里经常卖水煮板栗，用刀划破栗皮，加水煮透，作为下酒小菜，很受欢迎。栗子入菜也是极品。在现代人的饭桌上，栗子鸡块便是颇受欢迎的一道美馔，栗子绵软，鸡肉嫩烂，色泽诱人，是鲁菜系中的传统名菜。

　　此外，栗子由内而外都有极高的医用价值。古人提倡药食同源，在医书中也经常能够看到栗子的妙用，书写往往细致入微。唐代孟诜撰写的《食疗本草》中有一段栗子的使用说明：

　　栗子生食治腰脚，蒸炒食之令气拥，患风水气不宜食。宜日中曝干食，即下气补益。今所食生栗，可于热灰火中煨，冷汗出，食之良。不得通热，即拥气。生即发气，故火煨投其木气耳。

值得一提的是，栗子可入罗汉斋。什么叫"罗汉斋"呢？

罗汉斋，又称"罗汉菜"，最早的相关记载出现在宋朝朱彧的《萍洲可谈》卷中，原指僧侣的斋期，后来逐渐演变成一道地方传统素菜，成为佛门名斋。如今，我们在一些素菜馆里，依然能够看到命名为"罗汉斋"的素食。这似乎或多或少能够还原牧溪绘制《柿栗图》的佛门背景，想来，柿子和栗子也是法常师父日常所见、所食的素斋。

翻开牧溪的绘画作品集，我们看到了更多蔬菜和瓜果的写生，汇而总之便成为一系列水墨写生蔬果图（见图5），现大多散藏于两岸故宫博物院。画面中看似随意地绘制了鱼、茭白、萝卜、竹笋、菱角、枇杷、莲藕等常见的食材。牧溪笔法潦草，形制粗糙，因其不为宋朝的主流画派所认可，所以我们现在很难在相关收藏目录中寻到牧溪的踪迹。

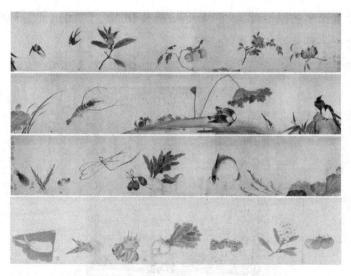

图5　（宋）牧溪，《写生蔬果图》（局部）中的瓜果与蔬菜，散藏于
　　　日本及两岸的故宫博物院

　　瓜果写生在东方画史上是较为常见的主题，但像牧溪这样刨去外在、仅制瓜果的做法，却并不多见。好在，牧溪率性为之的笔墨雅趣正好符合元代以后的艺术收藏旨趣。自元代起，艺术收藏领域的审美风潮出现了转变，艺术批评家们逐渐不再过分追崇南宋院体画派的审美标准，惟妙惟肖的技巧、严谨入微的写实、卓越高超的品质都逐渐不再为收藏家所好。取而代之的，是大写意的境界、个性化的手笔、难以言说的生动气韵。以牧溪作品为代表的"禅画"——即便我们现在尚无法明确界定它——崇尚粗放的运笔和空灵的空间表现，以无招胜有招，在日本成为了收藏界的热门。

　　如今，当我们心怀虔敬，弓身步入茶房时，依然会瞬间被邈远的禅意攫取心神。《六柿图》和《栗图》以倭裱的形式装裱悬挂，两相为伴，在茶室正中显得静穆而伟大（见图6）。泛黄的墙面和暗狭的空间感非常切实地传达着一种枯寂的美学——俭朴、枯高、幽玄、静默。高居翰先生也评价这些禅画，虽然不循古法，却"以简洁的笔墨收到了形神兼备的效果"。日本美术史家矢代幸雄从欧洲留学归来，观摩牧溪画作时，难以抑制内心激动，"我为它的伟大与崇高所折服——这种冲击力几乎把我征服。这种水墨画所展现出来的深不可测的心境是一种特别的美。"而这种"特别的美"，究竟是怎样一种独特的审美体验呢？

图6　《六柿图》（右）与《栗图》（左），用作龙光院茶室挂饰

这似乎得从禅画的艺术美学与悟境层次说开去了，因为不管是《六柿图》、《栗图》，还是《写生蔬果图》，画僧绘制的并不仅仅在形象本身，更是经验主体经历的生命体验与禅悟体现。也就是说，禅画家强调的是对于客观物象(例如蔬菜、瓜果、竹影、梅花、松猿等)的直接体验，而且这种体验是一种静观的孤独自处。这时，提笔写生也变成为了一种内在禅修。例如禅僧释仲仁在提笔画梅前，会进行一系列的前期准备，使得绘画成为一项颇具仪式感的艺术活动："画时先焚香默坐，禅定意就，一挥而成"。通过内心观照来直接勾勒梅花的本性，心怀澄明，挥洒自如，逸笔草就，颇有一些"大写意"的效果。想来，牧溪画柿子和栗子，多少也有修心养性、返璞归真的意思。在写实与写意、艺术自觉与即兴生发之间，形成一种难以言说的张力。尤其是那六个形态各异的柿子，即便只着色水墨，却依然栩栩如生，纵然是浅淡、疏密的枯笔草草，却仿佛依然写尽了自然万物中深不可测的生命奥秘。

人间无常，却也师法有常。牧溪笔下为传统画师所藐视的"枯淡山野"，或许并无意遵循古法，却更内外合一地返还事物本身的样态，线条恣意，复得返自然。如牧溪画的大白菜和萝卜，固然整体画风粗粝张扬，但是体态舒展，神姿尽现，蔬菜也仿佛拥有了独立人格，迎风而立，灵气逼人。禅画的深意也正体现在"可见"与"不可见"的意象与悟境之中，圆信法师在给牧溪的《写生蔬果卷》题跋时，也曾写道"看者莫作眼见，亦不离眼思之"。

言外之意，对世界的体察不仅要通过眼见，更要透过眼见之物，叩问那些隐藏于事物背后的真义和真理。这也十分契合日本能乐大师世阿弥的名言："隐藏着的才是真正的花"。这里的"花"并非物质世界中五颜六色的似锦繁花，更是去伪存真、去繁就简之后的生命之美。这也让我们想到，《柿栗图》作为茶室挂画，其实颇符合室町时代的美学特色。茶道专用的茶室必定小巧而非空旷；室内摆放茶画，时常以"一朵"为最妙，而非一团或一簇；茶室所用的挂轴装饰，以水墨或淡彩为最贵。牧溪禅画中的枯淡、极简、幽玄的风格，正是当时日本茶道美学最为崇尚的视觉表现。

《六柿图》还有没有其他奥妙之处呢？

既然没有任何时间或空间的背景线索，那就让我们重新关注柿子本身，来品味画作的细部，回到对这六个柿子的凝视中。和前面我们看到的单株白菜或者单棵萝卜不同，牧溪描绘了六个不尽相同的柿子。我们来仔细看看笔法与细节：（1）最前面的柿子体型较小，笔墨浓淡有渐变效果，仿佛光照从左下方照射过来；（2）左右最两边的柿子，仅仅简单地用淡墨画了一个圆圈作为柿子的形体，与其他四个截然不同，内部并未着色（我们自然也无法判断任何光源角度）；（3）居中位置有一个体量最大的柿子，着墨最深，枝柄挺立得最高，而且四平八稳地摆放着，是六个柿子中最中正、最浓艳的一个。六个柿子有聚有散，错落有致，但并不凌乱。

如果我们从左到右串联它们，就会发现，六个柿子大小、远近、墨色均有差异，并且整体上呈现出"淡墨——浓墨——淡墨"的动态变化过程（见图7）。我们不妨展开联想，这由留白到浓墨、由浓墨到重墨、再由重墨回归留白的过程，体现了禅悟的不同心境。毋宁说，这正对照了青原惟信禅师表达的三重悟境：未悟——初悟——彻悟。《五灯会元》对此有记载：老僧三十年前未参禅时，见山是山，见水是水。及至后来，亲见知识，有个入处。见山不是山，见水不是水。而今得个休歇处，依前见山只是山，见水只是水。两边内部留白的柿子，虽然只是淡墨一蹴而就，但象征着禅悟时"见山是山，见水是水"的未悟状态，和"见山还是山，见水还是水"的彻悟状态。简约、朴拙、静远、淡泊，人生种种求知求真的经历，都能通过这六个柿子作为观照，唤起内在世界的共鸣。中国绘画艺术不仅关注于物象的外在特征，还寄托着执笔人的情思和意趣，虽寥寥数笔，却贯注了对生命的深刻体验。潘天寿曾分析禅画时，认为"禅宗的宗旨，主直指顿悟，世界的实相，都足以解脱苦海中的波澜，所以雨竹风花，皆可为说禅者作解说的好材料"，《六柿图》正是如此，通过描摹物态，暗喻禅理，深得禅画三昧。

图 7 《六柿图》细部

这时，作为事物存在维度的空间或者时间，似乎就显得不再那么重要了。我们甚至可以说，正是画作背景中彻底的留白，为看画的人们摒除了大量旁杂的细节，更有助于人们聚精会神地静观和凝视。而事实上，这一切并非牧溪有意为之，艺术史家们发现，这只是一个"美丽的误会"——根据《柿栗图》和《写生蔬果图》等作品比对，研究者们推断牧溪作品在传入日本后，被切割分装成不同的小块，《六柿图》和《栗图》应当是从其他作品中切割下来后重新装裱收藏的。但也正是由于这无意的切割和移植，反而妙手偶得，更透彻并恰切地呈现了牧溪禅画的静穆与伟大，为后人提供了更广阔的解读空间。方寸之间，玄意无限。

（三）直指人心：禅画的艺术精神

以牧溪为代表的禅僧及其禅画，长期以来并未得到中国主流画论的认可。在十二世纪时，一些禅画甚至被称为"鬼画"，这主要是因为运笔泼墨间，禅画家并不着意于表现感官世界的世俗理想，而是以模糊狂放的笔墨构绘禅僧的精神家园，实则间接表达了禅宗对感官世界中虚幻假象的摒斥。禅画家们借此表现个人的精神品格，使禅画具有了其独特的艺术精神。在文化交流与艺术传播过程中，中国禅画的特殊性影响了日本乃至西方艺术，衍生出不同的跨文化解读与本土化发展形态。

据清代《佩文斋书画谱》统计，唐宋年间的禅宗画家就有近百人，除了禅僧之外，也有居士、文人士大夫和部分院体画家等，如"狂禅"画家代表人石恪、自称"梁愚人"的梁楷。两宋时期，前来参禅修习的日本僧人荣西、道元等学习中国绘画艺术的同时，将大量中国绘画作品带到日本，直接催生了日本本土艺术家的禅画精品，如"日本画圣"雪舟等扬的《二祖断臂图》（图8）、东岭圆慈的《一圆相图》（图9）等。东岭圆慈素以画"圆相"闻名，师承日本"五百年间出的大德"白隐慧鹤。《一圆相图》与《六柿图》有异曲同工之妙，同样简单而为，直指本心。东岭圆慈以水墨一笔表现日月交辉，笔画中有浓有淡、有立有破、有始有终、有虚有实，看似无头无尾，却动静相生、有无相继。一笔圆相简之又简，有甚于牧溪的六个柿子，细品来，却似日月之间蕴含的万古长空，禅意无限——

图8 ［日］雪舟等扬，《二祖断臂图》，东京国立博物馆藏

图9 ［日］东岭圆慈《一圆相图》

不可以一朝风月昧却万古长空
不可以万古长空不明一朝风月

　　禅家常喜于以月喻心，禅门灯录就有《指月录》。画面中的圆形既可以是寻常所见的日月，也可以是禅宗喻示的万物之本心。禅宗悟道时"不立文字，教外别传；直指人心，见性成佛"，也就是说，禅的传授不依托于文书经卷，而通过人人"心印"，彼此理解契合，传法授受。这里所说的"心"、"性"并不囿于万物的实体存在，禅人借由万物来照见本心，于平凡处见不凡。英国诗人威廉·布莱克（William Blake）的《纯真预言》（*Auguries of innocence*）被译为"一花一世界，一沙一天国"（To see a world in a grain of sand And a heaven in a wild flower），无疑也与禅宗思想有内在的默契与呼应。

　　当然，对禅画的艺术精神及其外延解读并不局限于禅宗义理。在世界艺术史语境下，西方艺术评论家常有巧思妙解。以牧溪的作品《观音》《松猿》《竹鹤》三幅为例，白衣观音居中，白鹤与猿猴左右分布，线条流畅、逸笔草草。因其传入日本后被改装成三联画的形式（图5），有西方学者将此《观音猿鹤图》类比为基督教的祭坛画，从宗教性角度探讨东西方绘画在内容与形式上的异同，颇有意趣。

如此，倒也暗合禅宗思想大开大合的包容姿态："一月普现一切水，一切水月一月摄"，"一即一切，一切即一"。体现在禅画的释读上，虽禅僧们以禅画示法，以一法摄万法，然而法无定法；既然随立随破、随破随立，便也不必执着于内容或形式的范式解读。概念的定性、艺术的释读、思想的碰撞、文化的交通，似乎也都可大而化之、难得糊涂了。

（四）禅画的"Chan"、"Zen"之辨

"禅"是梵语 Dhyana 的音译"禅那"的简称，意译为"静虑""思维修"，即安定的沉思、思维的修养。《圆觉经》疏云"梵语禅那，此言静虑。静即定，虑即慧也"。在禅宗文化背景下衍生出的"禅画"，即指禅宗绘画，在今人看来是习以为常的概念。但中国古代画论中，对"禅画"一词实则并无确切的范畴厘清。禅宗绘画在世界艺术史语境中的定位，经历了较为漫长的探索阶段。

西方学界最早将"禅"表述为"Zen"，将"禅画"表述为"Zen Painting"，并非"Chan"或"Chan Painting"，这与禅宗文化自日本传入美国的历史背景休戚相关。19世纪末20世纪初，日本学者释宗演及其助手铃木大拙、久松真一等人将禅宗美学传播到美国，直接影响了20世纪美国现当代艺术的发展去向。据美国学者罗伯特·沙夫（Robert H. Sharf）的考证，禅宗确实通过日本禅师的弘法进入西方人的视野，并潜在传播了政治理念与价值取向。在1970年那场声势浩大的"禅宗的绘画与书法"特展图录的前言中，时任日本文化交流委员会主席的西迪米·科恩（Hidemi Kohn）将中国和日本的禅宗艺术并列而置，视两者基本平等，而未强调其内在关联性。在此影响下，中国禅（Chan）和日本禅（Zen）经常被视为两个完全独立的标记性词汇。

作为日本最出名的禅宗文化传播者，铃木大拙在《禅学入门》一书的行文中亦不乏流露出优越心理，认为日本禅宗是亚洲佛学进化中的相对完善状态：禅宗发源于中国，但是那里已经没有纯粹形式的禅……在日本，禅仍然雄浑刚健，也可以看到正统的元素；因此我们有理由相信那是由禅修和参公案的结合。在一些西方学者看来，禅画这一概念事实上形成于日本，或在日本得到了全面发展。例如，深受日本文化影响的德国禅宗史家杜默林（Heinrich Dumoulin）于 1982 年发表论文《日本禅宗的几个方面》（*Some Aspects of Japanese Zen Buddhism*），文中明确认为禅宗起源印度，禅宗思想属于中国，但在日本得到了全面完善。

最早关注中国禅画这一类别艺术的是瑞典籍学者奥斯伍尔德·喜龙仁（Osvald Sirén），他是重要的早期海外中国艺术史家。1936 年，其著作《中国画论：自汉代至清代》（*The Chinese on the Art of Painting：Texts by the Painter-Critics, from the Han through the Ch'ing Dynasties*）曾谈及禅宗与画的关联，此书 1963 年由纽约的 Schocken Books 增补再版时，选用了南宋禅画家梁楷的《李白行吟图》作为唯一的扉页插图（见图 10）。1956 年，喜龙仁在《中国绘画：大师与原理》（*Chinese Painting：Leading Masters and Principles*）一书中专门单列"禅画家"一章，只是行文论述中，他较为保守地避开了明确的概念定性。喜龙仁的研究

图 10 （南宋）梁楷，《李白行吟图》，东京国立博物馆藏

成果首次将西方艺术家的视野引向"禅画"这一特殊的东方绘画类别，同时反向地将"禅画"的概念迁回中国艺术史与中日文化艺术传播史。

注：本文部分内容收录自陆颖《世界艺术史语境下的禅僧与禅画》一

文，参见《光明日报》第 13 版"国际教科文周刊"，2021 年 5 月 27 日。

📝 参考文献

[1] 徐建融：《法常禅画艺术》，上海：上海人民美术出版社，1989 年。

[2] 葛兆光：《禅宗与中国文化》，上海：上海人民出版社，1986 年。

[3] 高居翰：《图说中国绘画史》，上海：生活·读书·新知三联书店，2014 年。

[4] 士荣华、牛林敬：《中医经典药膳大全》，上海：上海科学普及出版社，2018 年。

[5] 汪曾祺：《好好吃饭》，宁波：宁波出版社，2019 年。

[6] 普济：《五灯会元》，北京：中华书局，1984 年。

若识自性，一悟即至佛地。

——惠能

曲水流觞：随波泛起酒意与诗情

永和九年，岁在癸丑，暮春之初，
会于会稽山阴之兰亭，修禊事也。
——《兰亭集序》

序言

在漫谈唐代茶饮的《举国之饮》一章中我们提到，作为中国历史上已知的第一幅表现茶文化的绘画作品，《萧翼赚兰亭图》记录的是一段并不光彩的"骗局"。说的是唐太宗李世民嗜好书法，如痴如狂，四处搜寻墨宝真迹，萧翼步步为营，"智取"书迹，献给了皇帝。这幅令唐太宗魂牵梦绕的书法作品，便是东晋书圣王羲之的《兰亭集序》——北宋书家米芾盛赞其为"天下第一行书"。

这段历史记录在唐代何延之撰写的《〈兰亭〉始末记》当中，小文完整记叙了王羲之写《兰亭集序》的全过程，并对尔后的收藏、摹本、录著、考据等作细致说明。文中提及，那次别开生面的兰亭聚会，发生在东晋晋穆帝永和九年(353年)的三月初三，总共汇集"四十有一人"，贤人雅士们游山玩水、饮酒做赋，共同"修祓禊之礼"。何延之还细致记录了《兰亭集序》成书的场景，话说王羲之"挥毫制序，兴乐而书，用蚕茧纸、鼠须笔，遒媚劲健，绝代更无。"这幅前无古人后无来者的神作，原本是兴致所至、兴乐而书的结果。无怪乎，王羲之酒醒后，重新书写多次，却再无法复现最初的性情与雅致，总觉得少了些许神韵。原来，三月三上巳节那天，贤士们雅聚兰亭，"修禊事也"，行曲水流觞之雅事："此地有崇山峻岭，茂林修竹，又有清流激湍，映带左右，引以为流觞曲水，列坐其次"。已是酒过三巡、酣畅淋漓之时，才有了王羲之挥毫制序的遣兴之事。

此后在大量诗文及文人画中，我们都能看到对文士雅集、曲水流觞的描绘，兰亭流觞曲水的佳话也成就了万千诗篇和画作，使得后人们"山阴道上行，如在镜中游"。这等轶事雅韵自此流芳，引来后代文人纷纷效仿。唐人戴叔伦曾选了一处山水如画的景点，临水而坐："面山如对画，临水坐流觞。"宋人戴复古与友人相聚，想到王羲之当年的兰亭雅集："梅岭乡来逢行者，兰亭今日又羲之。"逐渐地，兰亭似乎成为了后代文人们心目中的乌托邦，人们纷纷临水设席、流觞曲水、谈笑畅饮，写就了文人理想生活的美言佳谈，也彰显了东方艺术美学的人文精神。

这文人相会、曲水流觞的雅事，是否还能在当代艺术生活中复现？书圣如王右军者，恐世间再无二人了吧，斯人已去，山水是否依旧？令人心向往之的兰亭秘境，如今是否依然水波涓流、茂林修竹？流觞曲水的背后蕴藉着怎样的历史源流，饱含着多少文人心绪，又镌刻下哪些艺术和文化的瑰宝呢？

（一）"修禊事也"

依照《兰亭集序》所说，在那场影响深远的雅集上，王羲之与谢安、孙绰等四十一位名士在兰亭宴饮，这并非偶发的闲情，而是为了"修禊"之事。那么，何为修禊呢？

这是从夏商时代开始就流行的一种集体习俗，上至宫廷文士，下至民间百姓，都会在每年三月上旬的巳日（魏后改为三月初三），汇集在弯曲的水流附近，进行沐浴、祭祀、饮酒、赋诗等活动。这一古老的习俗也被称为"祓除"，寓意去除污秽，是除恶之祭。"禊"本身也指祛除不洁，回归身心的舒畅。《后汉志·礼仪上》对"祓禊"词条的说明为："是月上巳，官民皆絜于东流水上，曰洗濯祓除，去宿垢疢，为大絜。絜者，言阳气布畅，万物讫出，始絜矣。"这样看来，这场修禊的仪式，主要通过洗浴的形式，来达到避祸、去灾、强身健体、自我洁净的身心状态。关于洗濯避灾这一层面的解说，在《诗经》《论语》《礼记》《晋书》等等大量古籍中均有记载，东汉杜笃的《祓禊赋》、蔡邕的《祓禊文》等都专门记叙了古祓禊之礼。

洗浴的习俗，古代早已有之。《论语》便道："暮春者，春服既成，冠者五六人，童子六七人，浴乎沂，风乎舞雩，咏而归。"在春风拂人心的日子里，人们踏春寻欢，水边碧波荡漾，正好能将心中愁绪涤荡，生发自己，让生气重新回归自身。暮春三月，正是春禊的时节，浴乎沂，指的是在沂水之上沐浴洗濯。有学者认为，将"祓禊"的日子定于三月初三也是有讲究的。"三"的发音与"生"相似，有生生不息之意，表达了人们对万物生机勃发的敬重与珍视。

而在这场历史久远的生命仪典中，"曲水"和"流觞"是必不可少的仪式要素——这似乎与我们以为的饮酒雅乐相去甚远。习常的简单认知里，"曲水"就是弯曲流淌的溪流，"流觞"是漂流在水面上的带翼小杯，曲水流觞是文人相会时常用的曲水宴席或饮酒方式。而事实上，曲水流觞蕴含了更多的古代祭仪与文化意蕴。

《尔雅》作为我国最早的辞书类文学作品，收集了丰富的古汉语词汇。《尔雅·释天》记录了古代各种祭仪，其中谈到一种祭水的仪式："祭川曰浮沉"。"浮沉"与"流觞"当属于同一类，都是置于水中，可半沉在水面上的器物。上古初民曾流传一个关于原始受孕的神话故事——关于商始祖契的出生。《史记·殷本纪》记载如下："殷契，母曰简狄……三人行浴，见玄鸟堕其卵，简狄取吞之，因孕生契。"和"春浴"、"生机"的主旨有着极高的雷同之处，简狄（商始祖契的母亲）在水中洗浴，看到玄鸟将卵落在水中，简狄吃了鸟卵后，便受孕产子。这里的"浮卵"与《尔雅》中提到的祭水仪式所用的"浮沉"有极高的相似之处。我们合理推断，在早期先民的概念中，漂流于水面上的"流觞""浮沉"与"浮舟"具有统一的仪式功能。从简狄吞浮卵而生子繁育故事法则出发，上巳节的春浴、洗袯、袚禊之仪，也或许同样承载了人们求子繁衍、传承生命的美好愿望。而将流觞置于"曲水"之中，九曲回肠般的婉转、郑重、竭情、尽力的姿态，则表达了祈愿之人的正念与诚心。

当然，王羲之的兰亭雅事与求子繁衍并无甚关联。漫长的礼制发展与丰富的文化繁荣，使流觞曲水逐渐脱离了上古语境，在礼制的规范和约束下，这一民俗逐渐发生转向：一方面与帝王燕饮相结合，成为艺术政治的外化形式；另一方面与文人雅集相结合，成为诗酒文化的聚会形式，也是文人艺术创作的自发性组织仪式。兰亭事，自然属后者。

《兰亭集序》记录聚会那一日"天朗气清，惠风和畅"，人们在自然天地间，畅怀忘忧，如同洗濯心灵一般，回归生命本真的淳朴状态，达到人与自然的内在和谐，这也是艺术创作的重要心神状态。贤士们围绕着曲水，夹水而坐，人群熙熙穆穆，"群贤毕至，少长咸集"，贤人君子云集，是人与人之间和悦相处的理想方式。如此，人与人之间、人与自然之间（天人关系）都在这场阳春三月的户外集会中达到了协和、柔顺的共融之境。

古诗文中，对修禊踏春、曲水流觞的雅事，也多有载录。与《兰亭集序》相同，沈约《三月三日率尔成篇一首》也说"四座咸同志，羽觞不可算。"陶渊明《时运》序言曰："时运，游暮春也。春服既成，景物斯和，偶景独游，欣慨交心。"这里的暮春指的正是三月初三的修禊踏春活动，人们在平泽中洗濯，自得其乐：

> 洋洋平泽，乃漱乃濯。邈邈遐景，载欣载瞩。
> 人亦有言，称心易足。挥兹一觞，陶然自乐。

如此看来，曲水流觞的"修禊"之事，从上古的祭祀之礼逐渐演化为文士之约。以兰亭雅集为文人聚会的最高艺术精神的代表，古代雅士们于暮春之初相聚，赋诗畅饮，天人相合，"曲水流觞"逐渐成为中国艺术史上独特的东方会饮主题。

（二）羽觞随波泛

王羲之的兰亭文会，大抵定型了修禊与文人雅集结合的范式。虽然我们无法身临其境感受个中意趣，但大致的流程，在《兰亭集序》中基本有交待："流觞曲水，列作其次。虽无丝竹管弦之盛，一觞一咏，亦足以畅叙幽情。"这是一个吟咏诗赋的聚会，人们寻得一个曲水环绕之处，夹水落座，主持人设定命题分韵后，便从水流的上游置入羽觞，觞内装着酒，任其顺流而下，羽觞若停留在中途，则相应位置的宾客当吟诗献咏，若不成诗则立即罚酒。一诗一酒之间，文士们开怀谈笑，畅叙心幽。

当然，这依然只是比较笼统的描绘。所幸的是，历代贤士留下了大量诗文与画作，反复记叙并复现这场发生在山阴兰亭的文艺盛事。如此佳话，自然有后世文人心向往之，人们时常效法书圣的闲情雅意，行流觞曲水之雅事，绘于丹青之间。

进入图像的世界，我们可以从现存的兰亭图细节中，看到完整的流觞曲水宴饮流程。从明代拓本的复印件细部（见图1），我们看到了流觞曲水的细部运作流程。首先，会有酒童在水流下游以一小杆取回漂浮的流觞，即由浮叶所托的酒杯（图1a、1f）；随后，酒童们洁净酒杯，重置新酒（图1b），并将其重新放回上游，使酒杯顺流而下（图1c）；文士们从水面上取杯而饮、吟诗做赋（图1d、1e），饮罢，将酒杯倒扣，重新放回水面即可。

该图示来自明朝益宣王刻制的《兰亭图》大卷，现藏于国家图书馆，系明周宪王朱有燉（1379—1439）摹叙、制图及跋，初刻于明永乐十五年（1417）并于万历二十年（1592）由第三代益王重刻和补刻，最终形成的一个完整的明代拓本典范。这卷拓本应当是仿李公麟的《兰亭图》绘制的，完整包含了孙绰《兰亭后序》、柳公权状、米芾跋、宋高宗御札两段、朱有燉书诸家考订兰亭文字并跋、朱有燉行书跋、赵孟頫《兰亭》十八跋及明万历二十年明益宣王朱翊鈏跋。其中，《兰亭流觞图》作为刻本的主体部分，线条

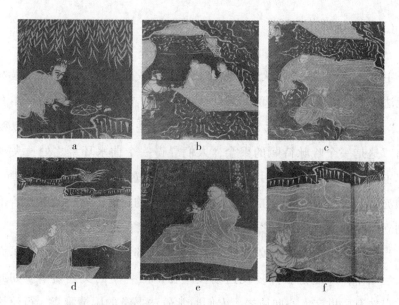

图1 明益宣王重刻的《兰亭修禊图》大卷，局部拓本（笔者拍摄）

流畅，人物生动，拓工精良，完美复现了流传至明代的兰亭曲水雅宴之场景。

以此为例，我们也可以发现历代完整的兰亭画大多包含一些固定的叙事内容，例如王羲之水阁观鹅、雅士流觞曲水、酒僮备酒、文人所题《兰亭诗》，以及卷首题跋、补记、或《兰亭集序》摹写等。"兰亭"作为东方文人的精神乌托邦，逐渐成为了中国绘画史上一个较为固定的文人符号和艺术创作主题。历史上，不仅对《兰亭集序》的临摹、刻拓不绝，对"兰亭图"的创作也浩如烟海一般，涌现为艺术史上的奇观。纵观历史，我们已然能够书写一段独立的"兰亭图像小史"。

取材于"兰亭修禊"的历代绘画大多出现于宋代及以后，明清以来留存与创作尤为集中。据载，最早的"兰亭图"出自北宋画家李公麟（1049—1106）之手，距王羲之行兰亭之事有近七百年之久，然而李公麟的这幅《兰亭图》依然未能幸免于历史的沉浮，但这幅作品的诞生，为后来的文人们提供了底本。如前文所示，明万历间益王朱翊鈏跋、益王府重刻的《兰亭

修褉图》大卷本便是经典拓本之一。事实上，明代的兰亭图拓本还有一经
典的小卷：明益定王重刻小《兰亭图》卷（见图2）。该版本大约32×37厘
米，完成于大卷本之后，拓工精美细腻，层次鲜明，与大卷本一样，同属
上乘之作，且都以李公麟的底本为基础。

图2　明益定王重刻《兰亭图》小卷，局部拓本

纵观中国绘画艺术史，取材于《兰亭序》主题的人物山水画也颇多，从
北宋《宣和画谱》到清代为止的文献著录中，均多有提及。例如，宋徽宗就
收藏过荆浩、关仝的同题材《山阴宴兰亭图》，宋代李公麟、郭忠恕、赵伯
骕、赵伯驹、刘松年、钱选等人都绘制过大量的兰亭图或曲水流觞图。到
了元代，赵原初《兰亭觞咏图》、赵文敏《临褉帖并图合卷绢本兰亭》、赵孟
頫《兰亭修褉图卷》等均属此列。存世的关于"兰亭"题材的作品约有二十余
件，年代最早的当属黑龙江省博物馆藏的宋代无款《兰亭图卷》（见图3）。

明清时期，对兰亭题材的画作大量涌现，在内容处理上略有调整，更
为轻松丰富，逐渐跳出李公麟版流传的图式。有明一代的文人对"兰亭"表
现出极高的兴趣，不仅在书法创作上，对王羲之的作品唯马首是瞻，在明
代绘画史上，对"兰亭修褉"主题的创作更是不绝，手卷、立轴、扇面等形

图 3 （宋）无款，《兰亭图卷》，黑龙江省博物馆藏

制均有涉猎。祝允明、文徵明、唐寅、仇英等大量文士都对"兰亭图"进行过创作，其中尤以文徵明为甚。除却为友人收藏的兰亭相关画作题跋作序之外，文徵明自己创作了多幅兰亭图。其中一幅藏于台北故宫、题名《兰亭修禊图》的画作被认为是现存最早的文徵明兰亭图。[1] 北京故宫博物院藏有一幅作于嘉靖二十一年（1542 年）、金笺设色的《兰亭修禊图卷》（见图 4），笔法细腻，工致华美，书画俱佳。明清时期，"吴门画派"在以"兰亭雅集"为题材的绘画创作中首屈一指，这幅《兰亭修禊图卷》就是其中的杰出代表。

图 4 （明）文徵明，《兰亭修禊图卷》（部分），北京故宫博物院藏

画家以青绿山水的技法，保留了远处的茂林修竹、崇山峻岭，王羲之

---

1 也有学者认为该画的提款书法与文徵明的书作有差异，暂不作论。

与两位宾客在不远处的水上竹亭，评论诗文书法，另有八位文士列位于水滨，或坐或卧，凝神构思。不同于前文所示的明益宣王刻本，文徵明的这幅画并不着意于表现兰亭雅集的完整叙事，人数明显减少（不再是四十一位），省去了人物相应的文字题署，摒除了诸如文士们的兰亭诗、小僮备酒、羲之观鹅等内容。图幅居中位置安排一个体量较大的竹亭，并将雅集的主要人物王羲之安排于高亭之中，这大概是出于画家本人对书圣的偏爱，强调文士之间的差异，突出个别人物的特殊地位。

同样藏于故宫博物院的，还有仇英绘制的《兰亭图》扇面（见图5），扇页类型大多出现在明代中晚期，除了仇英之外，丁云鹏、文伯仁等都绘制过设色扇面的兰亭图。由于性质的不同，仇英的扇面兰亭图在内容选择和技法上有自身特色，尺幅之间结构紧凑，远山近水，岩泉迥转，人物环坐两岸，形象飘逸儒雅。

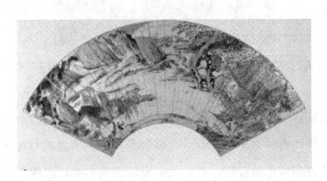

图5　（明）仇英，《兰亭图》扇页，北京故宫博物院藏

对兰亭雅事的眷恋与憧憬，到了清朝依然不绝，上至帝王，下至文士，均常有曲水宴席或山间雅集。例如，热衷行乐的雍正，在他的十二月行乐图中，专门命人绘制了暮春之日，行于水泽，行流觞曲水的欢畅场景（见图6）。彼时，雍正帝将自己带入到王羲之的画面位置，只身坐于亭阁之中。同行的大臣、文士们沿着水流，随意席地而坐（区别于夹水列席），由仆从们将杯盏从上流放入。人们均身着素服，徜徉在春风的柔情中，一

派安宁祥和之景。

图 6　（清）《雍正十二月行乐图轴》之曲水流觞（局部），北京故宫博物院藏

　　为什么历代文人们心心念念，总是放不下那场遥远山谷里的雅集韵事呢？我想这大体有三方面的因由。就画事自身的艺术发展与传承来说，兰亭作为一个逐渐成形的母题，对后代画家的影响是难以忽视的，对前人经典画作的自主性摹仿、复刻，推动了兰亭雅集的绘画复兴；另一方面，在那个避世于山间、道风盛行的魏晋年代，文士们风骨卓然、形骸放荡，颇有天地与我为一的大境界、大从容，这如同一个世外的桃花源，令人心向往之；当然了，结合古代文士们对酒的喜爱，我们也不得不承认，"流觞曲水"无论作为上层官宦的宴饮，还是作为下层文士的雅聚，都是上古仪式文化与后代饮酒之风的有机结合，尤其明清时期，除了兰亭图之外，还有大量文人饮酒、斗酒、微醺、醉酒的画作，这大约也与当时制酒产业的发展、酒品的多样，以及日常生活中的饮酒风潮脱不了干系。

（三）对酒当歌

美酒，艺术创作的良好伴侣。酒入愁肠后，文士们往往破除拘束，渐入佳境，文思泉涌。古来万千才子，无数酒郎，"酒隐凌晨醉，诗狂彻旦歌""葡萄美酒夜光杯，欲饮琵琶马上催""何以解忧？唯有杜康"……诗人们吐纳秀语，多伴随着浓浓的醉意，酒作为不可被忽视的意象，也一直潜隐在中国的历史、诗歌和艺术史当中。例如，赵匡胤"杯酒释兵权"、李太白"一斗诗百篇"、武二郎"三碗不过岗"，以及兰亭图中"流觞曲水"之美谈。前文曾简要谈过唐代的酒文化，我们提到，彼时的茶和酒还借人的口吻争辩过高下尊卑（参见第五章）。而酒从何而来，又如何根深蒂固地渗入了中国的文化与艺术呢？

许慎在《说文解字》中对"酒"的解释是"酒者，造也。所以就人性之善恶。一曰造也，吉凶所造也"，结合饮酒的常识性共识，我们可以推断，"造"或"就"都是推动、促使或者诱发饮酒者实现某种行为目的或性情抒发的手段。不论酒后的行为是善是恶，作为催化剂的酒，本身并没有卑劣之分。甚至，醉酒的混沌状态，在人类早期的祭祀活动中，具有非常神圣和神秘的地位，先民们无法解释酒精食物带来的致幻作用，视之为灵媒通灵的状态，而进行迷信崇拜。清代文艺理论家刘熙载的《诗概》曾说"文所不能言之意，诗或能言之。大抵文善醒，诗善醉，醉中语亦有醒时道不到者。盖天机之发，不可思议也。"可见醉酒之时，往往能得到某种神秘的灵韵，偶得天机，创作出清醒时无法企及的艺术妙品——王羲之《兰亭集序》正是一例——刘熙载的文艺理论与许慎的解字实则有一定的内在相通之处。

对中国人酿酒的历史追溯，现有历史记载中较为科学可信的，当属晋人江统的《酒诰》。文中说道"酒之所兴，肇自上皇。或曰仪狄，一曰杜康。有饭不尽，委余空桑，积郁成味，久蓄气芳，本出于此，不由奇方。"这两句大致把酒的由来解释清楚了，大体是说，人们留下了剩饭，将其贮藏在树洞里，久之开始散发气味，再继续存放，则益出清香——总的来看，是一个美丽的偶发事件。文中说，酒肇始于"上皇"[1]，仪狄与杜康则都是古史传说中的人物，尚无信史可考。但从同时代及其后的大量诗文作品中可见，将杜康或仪狄视为酿酒的起源，已为某种共识，否则曹孟德也不会自问自答道："何以解忧？唯有杜康。"

酒在祭祀仪式文化中有着至关重要的地位，酒同时也是一个时代国富民安的代表，在富足的朝代，百姓有了多余的农粮，才会去制酒、酿酒。这或许也是张择端绘制《清明上河图》时，安排出现大量"酒肆""酒招"的小心思（见图7），毕竟这是一幅最终上呈给皇帝、描绘汴京繁华生活的长卷。当然，在"比屋之间，皆有酝酿"的宋朝，每年京城酒店用于酿酒的糯米就要消耗掉三十万石，飘荡在空气里的酒香确实是鎏金岁月的象征。宋人爱酒，李时珍称其为"天之美禄"，男女老少，都喜小酌一杯。在汴京城内涌现的大小酒楼更是不胜枚举，依《东京梦华录》所说，是"九桥门街市酒店，彩楼相对，绣旆相招，掩翳天日"，可见酒旗遮天，酒铺接踵。

图7　《清明上河图》中的"正店"（有正规固定区域的销酒商店）、"脚店"
　　　（需要在规定区域内的正店批发后方能销酒）、"美禄"（宋代酒的
　　　美称）酒旗

到明清时期，中国制酒工艺到了空前发达的时期，酒类品种基本全部

1　即大禹王，但大量考古资料与文献分析证明，中国酿造酒的时间远在大禹时代之前。

定型，白酒、黄酒和花果配制酒都各有所长，饮酒之风达到前所未有的繁盛，中国酒文化翻开了新的篇章。造酒之法不胜枚举、俯拾皆是。例如造酒之方就有"北酒方""太禧白酒方""赛葡萄酒方""造莲花白酒法""造红曲方""神仙造酒方"等。不论王公贵胄还是乡里平民，均在家中造酒，还随机进行一些自发创作。例如《金瓶梅词话》中有一回描写西门庆打开自家酒窖品酒，极言酒香扑鼻，令人陶醉——

> ……拿出一坛夏提刑家送的菊花酒来。打开碧靛清，喷鼻香，未曾筛，先掺一瓶凉水，以去其蓼辣之性，然后贮于布甑内筛出来，醇厚好吃，又不说葡萄酒，教王径用小金钟儿斟一杯儿，先与吴大舅尝了，然后伯爵等每人尝讫，极口称羡不已。

值得注意的是，当时人们已经有了相对健全且科学的养生观念，高濂《养生八笺》已经谈到诸如菊花酒、豆酒对饮食养生的裨益。明代伟大的药理学家李时珍在《本草纲目》中对酒的药性和药用价值也记叙得极为详备。他依据历代医者及自身实践经验，逐一介绍了米酒、糟底酒、老酒、春酒等数十种酒类，并对各种酒糟的药用功能、饮食方法进行了讲解。他郑重地提出了"酒，天之美禄也"，视之为上天的美好恩赐，但不得贪杯：

> 面麴之酒，少饮则和血行气，壮神御寒，消愁遣兴；痛饮则伤神耗血，损胃亡精，生痰动火……若夫沉湎无度，醉以为常者，轻则致疾败行，甚则丧邦亡家而陨躯命。

无论出于何种目的，无论是纯粹自发或者外力诱导，中国的文人骚客嗜这一口好酒，自古而然。文人饮酒的风尚或也间接促生了"流觞曲水"主题画作的频出。事实上，民间制酒、文人饮酒、乡间会饮、集市售酒、街市醉酒等主题，频频出现在明清画作中，如仇英的《仿清明上河图》、丁云鹏《漉酒图》、陈洪绶《饮酒读书图》、袁江《醉归图》、万邦治《醉饮图》等等(见图 8-10),都直接以饮酒为主题,进行创作。

图 8　(明)仇英,《仿清明上河图》局部

图 9　(明)陈洪绶,《饮酒读书图》　　图 10　(明)丁云鹏,《漉酒图》

当然，自古文人饮酒、醉酒的艺术作品着实如同川流的江水、密布的群星，实在无法一一细数，但文人好酒、嗜酒、醉酒的佳话也不绝如缕。酒不仅作为日常生活之饮、健身强体之用、祭祀祈福之源，还仿佛携有魏晋风骨的遗韵，和兰亭的佳话一起，成为文思和心神升华的助力，甚至还成为了某种隐遁出世的心灵桃花源、精神乌托邦。

参考文献

[1]覃召文：《生命与诗乐的仪典——修禊的文化阐释》，《华南师范大学学报》(社会科学版)2003年12月。

[2]邱才桢：《"曲水流觞"的新时空：文徵明兰亭图中的图式与德政指向》，《美术研究》2014年第2期。

[3]伊永文：《1368—1840中国饮食生活：日常生活的饮食》，北京：清华大学出版社，2014年。

[4]赵荣光：《中华酒文化》，北京：中华书局，2012年。

王羲之阁中观鹅

独啸晚风：天池狂人的瓜果写意

半生落魄已成翁，独立书斋啸晚风。

笔底明珠无处卖，闲抛闲掷野藤中。

——（明）徐渭《题墨葡萄图》

（徐渭《榴实图》，台北故宫博物院藏）

序言

绍兴，一座娴雅的江南小城。在悠长且深厚的城市文脉中，一代又一代文人墨客从小城街巷走进了历史的案卷。带着些许江南烟雨独有的低吟与余韵，我们读到了"俯首甘为孺子牛"的鲁迅，惊叹着书圣的"天下第一行书"，细品过阳明心学所提的"明心见性"之旨，并深以为然……

此刻，在一个静默的阴雨之夜，我想起一片城市边缘的墓地，那里鲜有人至，相较于市区景点的人声鼎沸，这几座孤坟，显得肃穆而又寥落。你可能需要驾车一小时才抵达了一片农家田地，沿着箭头的方向穿过几条杂乱的田间阡陌，拐过一个河塘土坝，这时，不要怀疑自己是否走错了路，徘徊许久后，你终于走到他的墓前：几棵上了年头的老树，一间时常无人看管的传达室，一个并不宽敞的田间墓园（见图1）。

图1　绍兴徐渭墓园（笔者摄于2019年）

五百年来，绍兴的风土记得他晚年的落寞，民间传奇中依然流传着他或真或假的轶事；明代艺术史上，他的花鸟写意与书法挥洒都被浓墨重彩地记载；那间破败的书屋，如今被民房挤压在逼仄的小巷，里面依然展陈着他的些许真迹墨宝，书写着他过往的得意或失意。推开书房的那扇窗，一平米见方的池水便是他的"天池"——在他晚年的落款里，他称自己为"天池老人"。

我更愿意走进他跌宕的人生故事里，仿佛那些癫狂的、意气的、苦难的、可说或不可说的心绪，更深刻地书写着江南文人的气质样貌，更极致地呈现出上下求索的精神之路——内向的和外向的。有人说，他是"东方的凡·高"，而我更愿意把他称为"东方的浮士德"：他经历过浮士德式的苦难，并用一生撰写了"浮士德式"的人文精神。

（一）畸人青藤

徐渭，生于 1521 年，卒于 1593 年，字文长，晚年号青藤道人、天水月等，是明代著名文学家、书画家、戏曲家、军事家。他出生在自古钟灵毓秀、人文荟萃之地，徐家家世军籍，虽算不上显赫名门，但也算富庶。徐渭更是江浙妇孺皆知的大才子，自幼便有"神童"的美名，只是，自古文章憎命达，命运对他并不优待。

他的生父徐鏓早年有一原配童氏，生有二子。童氏去世后，徐鏓寡居多年，12 年后他迎娶了云南苗氏，可是这位夫人并无子嗣，于是徐鏓纳苗氏的婢女为妾，晚年与婢女生下一子，这便是徐渭。然而，在徐渭出生百日之时，徐鏓驾鹤西去。为了减轻家庭的负担，徐渭生母改嫁，徐渭年方十四岁时，对他关爱备至的嫡母苗氏病卒。自出生起，幼失父爱的徐渭就不免要面对庶出的身份尴尬和家族的没落危机，命途多忧，无所凭借。

幸而，在嫡母和伯兄的照料下，年幼的徐渭度过了一段欢愉的童年时光，在日后的诗文回忆中，他曾写道"风吹鸢线搅成团，挂在梨花带燕还。此日儿郎浑已尽，记来嘉靖八年间"（《郭恕先为富人子作风鸢图》）。可以想象，同里的孩子们三三两两奔跑在深巷中，手中的风筝飘扬在身后广阔的天空中，小徐渭或许和孩子们一起，骑着竹马，在田间阡陌中嬉耍。

早聪的徐渭六岁入小学读书，可日诵千言，八九岁时，他的私塾老师陆如冈曾惊叹徐渭的才华，批文"是先人之庆也，是徐门之光也。"不仅如此，在人文艺术氛围浓厚的绍兴，徐渭还习琴、研戏，通读秦汉古文、老庄道学、书法经典与佛释经录，如此等等，都如甘露般，滋养了徐渭日后文才艺能的全面爆发。

与所有当时的书生一样，自诩才华的徐渭想将满腹之学用于世，不得不参加科考，以求经世致用。20 岁时，他第一次参加乡试，不第。这对他来说是个不小的打击，尤其当时家庭经济已然陷入困窘，徐渭对功名的渴求是迫切的。他撰写长文一封，寄给当时的提学副使，慷慨坦荡、直抒胸怀，描述了自己命运不济的危难之状："徒手裸体，身无锱铢，去路修阻，危若登天"，他恰如其分地指明了当时对文章规矩的僵硬束缚，实际上限制了青年才俊的入世之途。激昂大丈夫，又怎能限制在婆娑蓬蒿之中，终日受制于人呢？洋洋洒洒的长文最终令人动容，收信人读罢，动了惜才之心，允徐渭进入复试环节。那一年，他考中了秀才，获得了一生中仅有的考场胜利，此后二十余年，他每每在科考中奋力搏击，却是再无佳绩了。考场的反复失利，对徐渭来说是不小的打击。文采的盛名并未匹配相应的官禄，对徐渭的性情以及日后的艺术创作产生了极大的影响。他曾在《四声猿》中借剧作之名，抨击过科考的弊端，他说"文章自古无凭据，惟愿朱衣暗点头"。想来，好的文章自古以来并没有固定的评判标准，又为什么非要定立个三六九等的框架或规制呢。

在徐渭的前半生中，太多的磨难接踵而至，悲从中来。徐渭与原配潘氏相爱甚笃，不料潘氏在诞下长子后，不幸逝世，年仅二十岁。从嘉靖十九年至四十年（1540—1561年），多年来考场的失意摧折了徐渭的意气，虽已鬓发染霜，却"举于乡者八而不一售"，可嗟可叹！凡事否极泰来，徐渭人生中少有的乐事，大概是三十六岁时的一次事业机遇。那时，抗倭总督胡宗宪[1]素来以广招文士、性温爱才闻名。他广纳东南士大夫，以共同谋划抗倭大计。久居斗室之中的徐渭自来心忧天下，早已自发投身抗倭斗争的徭役，恰逢胡宗宪得知徐渭的文采美名，两人一拍即合，胡便将徐渭招于幕下。徐渭自此开始了一段积极入世的胡幕生涯，一展军事才能。在众多幕僚中，徐渭是胡宗宪最为倚重的代笔人之一，据袁宏道《徐文长传》中的记载，"公以是益重之，一切疏记皆出其手。"徐渭自己也有相关陈述，"予从少保胡公典文章，凡五载，记文可百篇"。然而，徐渭一直隐忧的官场风云终于掀起大波澜，因牵连严嵩案，胡宗宪被指侵盗军饷、与严嵩党群，两度被逮下狱，嘉靖四十一年冤死狱中。徐渭的军事生涯基本落下帷

---

1 胡宗宪（1512—1565），号梅林，南直隶徽州府绩溪县人，明代抗倭功臣，曾两次因"严嵩案"入狱，嘉靖十四年死于狱中。徐渭因胡幕的倒台而收到牵连，深感宦场沉浮的险恶，不久踏上返乡的归途。

幕，后辞官家中，回到书斋生活。

徐渭的大部分艺术创作都发生在青藤书屋，这座位于绍兴市区前观巷大乘弄里的小书房（见图2），记录了这位江南才子的成长心路，在这片出生的血地上，徐渭癫狂地写下了一生的回顾，垂老之时，他自编年谱为《畸谱》（见图3），称自己"畸人"。年岁七旬的他曾在诗文中说，"桃花大水滨，茅屋老畸人"（《答沈嘉则二首次韵》）。这里的"畸人"，并不指身有异疾的人，而是指不入俗流、特立独行的世外仙人。徐渭以"畸"自谓，实则也让世人品读出一些凄悲而慷慨的况味。古文"畸"通"奇"，畸人亦指能人义士、才华卓绝的奇人。袁宏道对徐渭的评价便是如此："文长无之而不奇者也，无之而不奇，斯无之而不奇也哉，悲夫！"正因是个奇才，所以注定了没有一处不平凡、不坎坷、不艰难的命运。出生的不合时宜，入世的屡不得志，不愿流于凡俗的孤高清冷的性情，倒也符合他"畸人"的自我设定。

图2　（明)徐渭，《青藤书屋图》

图3　（明)徐渭，《畸谱》

当然，从文献记载中，我们得知胡幕生涯结束后，徐渭确实得了某种癔症，时常狂性大发，甚至有自残的行径。发狂时，徐渭举起巨锥刺入耳朵，血流满地，这也是后人将他类比凡·高的由来。两位东西方艺术大家都经历了坎坷落魄的人生，都曾以自残的肉身之痛，度化精神的苦难。

徐渭为什么这么做呢？果真是精神疾病吗？这种病症对他的生活又带来了怎样的影响呢？在他的自述中，说是自己"有激于时事"，因为政治风云的变革，恐惧会因胡宗宪的入狱而牵连自己，惧祸而发狂，引发了心绪的失控。这应当算是比较可靠的解释之一。当然也有人认为，徐渭最初是佯装疯病来躲避祸端，久而久之，假狂变成了真疯，畏惧、悲痛、孤绝、冤愤种种情绪压在心头，真真假假难以辨别。张汝霖曾描述徐渭发病期间，绘制积雪厚压在梅竹之上（见图4），有题画诗"云间老桧与天齐，滕六寒威一手提。折竹折梅因底事，不留一叶与山溪。"文中的桧、竹、梅、雪，似是当时政局的暗指，徐渭深知严嵩案树大根深，追究深远，而胡宗宪已冤死狱中，自己无所凭借，佯疯以自保。至此，徐渭人生的不堪与悲情还远未结束。嘉靖四十五年（1566 年），他因为击杀自己的继室张氏而被

图 4 （明）徐渭，《雪竹图》

捕入狱，开始了漫长的牢狱生涯。而杀妻的原因也多有说辞，有误会张氏出轨之说，也有癔病复发、难以自控的说法。晚年潦倒的他，还多次自杀，未遂(或许这也是他被视为"畸"人的原因之一吧)。因此，有人曾这样总结这位传奇人物的一生：一生坎坷，二兄早亡，三次结婚，四处帮闲，五车学富，六亲皆散，七年冤狱，八试不售，九番自杀，十(实)堪磋叹！用他自己的话来说，天底下的苦痛是没有尽头的："天下事苦无尽头，到苦处休言苦极。"

晚年的徐渭愈发不堪，虽有友人接济，但他并不愿意平白收受恩惠，每每讨到一些口粮，他都会回赠以书画，直至年迈无力而无法执笔。我们无法想象、也不敢设想，这位才情洋溢、艺能超绝的晚明文人，如何被命途摧残得七零八落、绝然自残、想要抛离这凡尘世间，却又一次次从悲绝中醒来。当他残鬓如霜，风尘满面，观看着这片书房之外的天地，他或许也只能悲叹：

少年曾负请缨雄，转眼青袍万事空。
今日独余霜鬓在，一肩舆坐度居庸。

最终，是那一小方窗外的池水，那一棵屹立的青藤，那一抹挥散不去的凄怨与无奈，陪他唱完了生命最后的挽歌。

(二)笔底明珠：葡萄及其他

虽然徐渭自己极为悲观地说，自己的笔墨丹青无人收买，只能散乱地弃置在书房，"笔底明珠无处卖，闲抛闲掷野藤中"，但在艺术史和文学史中，他笔下的"明珠"却是灿若星辰。徐渭自称"书第一，诗第二，文第三，画第四"，我们试图简单梳理，窥探一二，就足以为之惊叹——

编作《狂鼓史》《玉禅师》《雌木兰》《女状元》四部杂剧，称《四声猿》(见图5)，兼用南曲和北曲，对后世剧坛影响深远；

图5 （明）徐渭，《四声猿》书影

撰写的戏曲理论著作《南词叙录》，是第一部专门研究南戏的理论专著，填补了南戏研究的空白，并为之正名；

推崇唯求真我的诗文理论，破除厚古薄今的枷锁，追求风格多样、自然抒情的审美规范；

在绘画领域，徐渭以独特的笔触，开创了大写意花鸟画风，讲究传神写意，将传统的文人画提高到了一个新境界……

"大写意"是一种狂放的、豁然的、不拘礼法的肆意书写，写的并不仅仅是眼中景物，更是心中胸臆，写尽了徐渭"英雄无路，托足无门"的悲愤。在他的《杂花图卷》中，我们可以看到极为典型的大写意之风，行笔之间气势磅礴，用笔狼藉，一反工笔细腻之风，却颇得风采神俊（见图6）。

当然，徐渭所说的"笔底明珠"还有更具体的指向。他最为人熟知的题画诗是这样写的：

图 6 （明）徐渭，《杂花图卷》，南京博物院藏

半生落魄已成翁，独立书斋啸晚风。

笔底明珠无处卖，闲抛闲掷野藤中。

　　这首诗收录在《徐文长集三》第十一卷，是徐渭葡萄水墨画中较常出现的诗作之一，对应他一生坎坷、半生落魄的人生际遇，诗文描绘了他蹉跎垂老、步履蹒跚，独自站在书斋中，默默不语，面向清冷的晚风悲啸，多少心绪密语无从说起。这首《题墨葡萄图》题于徐渭诸多葡萄水墨画中的经典佳作之上，画面中藤枝枯劲有力，与书法中的行草枯笔有异曲同工之处，极好地诠释了书画同源之旨。这首题画诗也时常在其他葡萄主题绘画中，与其他诗句组合出现（见图 7、图 8），例如："璞中美玉石般看，画里

明珠煞欲穿。世事模糊多少在，付之一笑向青天。"在过往的生活中，即便是璞玉，也被人视为顽石，正如他画里的明珠，无人欣赏。他依然慨叹，但少了些许纠结，多了一些放达，不如仰天长啸，任往事如风而逝。

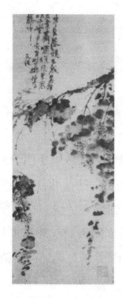 

图7 （明）徐渭，《水墨葡萄图》轴，　图8 　（明）徐渭，《墨葡萄》，
　　北京故宫博物院藏　　　　　　　　　浙江省博物馆藏

在《墨葡萄图》画轴中，我们看到一架葡萄，枝繁叶茂，藤蔓彼此缠绕，一粒粒晶莹的葡萄垂挂在指头，果实累累。枝叶和果实以淡墨挥洒，酣畅淋漓，产生极好的晕染效果。向下低垂的葡萄藤条纷杂错落，又何尝不映射着徐渭跌宕起伏、壮志难酬的人生经历呢。在徐渭描绘花鸟蔬果的诸多绘画作品中，葡萄是最为常见的物象之一，其他如石榴、笋、豆、螃蟹、佛手等都是徐渭信手拈来的画中蔬食。他笔底的"明珠"或许也如同《雪竹图》中被厚重积雪压制的竹枝一般，蕴藏了画家本人压抑在心中的不平之气。

例如，他笔下的石榴个个饱满剔透，厚重地垂挂在枝干上，果皮已裂开，粒粒果珠赫然在目。在《榴实图》中，徐渭着重描绘了石榴的果粒，他将自己类比为久居深山的石榴，畅快地表达了英雄无用的心境，人生窘迫、温饱不济的困顿。虽然笔下的"明珠"依然亮丽剔透，但明珠深藏在山林幽深之处，外人又怎能品尝到石榴鲜嫩的果实呢。正如同画家本人澄澈的琉璃之心，岂是外人所能窥探的——

　　　　山深熟石榴，向日笑开口。深山少人收，颗颗明珠走。

如此看来，徐渭笔底的明珠是那些垂挂在藤蔓的葡萄、是隐藏在深山的石榴籽（见图9），也是自己的一片壮志丹心。

　　再如，徐渭画螃蟹，寥寥数笔，神韵俱全，笔墨浓淡干湿恰到好处，一气呵成。在这副有名的《黄甲图》中，我们看到宽大的荷叶，宽阔的秋水，一只肥大的螃蟹在水中悠游（见图10、图11）。如前文所说，徐渭常年贫苦落魄，为何我们还能时常在他的晚年作品中，看到螃蟹这样的昂贵食材呢？他是真的时常看到或者吃到螃蟹吗？让我们来细读徐渭题画的两句诗文：

图9　（明）徐渭，《榴实图》局部，　　　图10　（明）徐渭，《黄甲图》局部，
　　　台北故宫博物院藏　　　　　　　　　　　台北故宫博物院藏

图11　（明）徐渭，《鱼蟹图》局部，天津历史博物馆藏

兀然有物气豪粗，莫问年来珠有无，养就孤标人不识，时来黄甲独传胪。

"传胪"是从宋代传下来的一种科举唱名的方式，一般指在殿试后传名，"黄甲"不仅仅指画中肥硕、笨拙的螃蟹，更一语双关，指黄甲披身、金榜题名。这幅《黄甲图》讽刺了画中螃蟹昏沉豪粗，腹中无珠，胸无点墨，然而就是这种不学无术之徒，总能高中科举，而徐渭分明才情横溢、才高八斗，却屡试不第，心中自有愤懑之气。徐渭通过创作这幅讽刺画来挖苦和抨击科考的不公和官场的黑暗。晚年，他愈发"深恶富贵人"，对科举制度痛恨至深，时常画蟹进行辛辣的讽刺。

同时，"莫问年来珠有无"一句，也让我们看到，徐渭所说的"珠"，泛指文士的才学、胸中的积淀，笔底的明珠。结合《墨葡萄图》《榴实图》中的题画诗，我们大抵能够靠近这位晚明落魄文人的心志意趣。他一边勾画着一粒粒明珠，它们可能是晶莹的葡萄、饱满的石榴籽；一边以高超的绘画技巧与纯熟的书法技能，向世人证明，徐渭本人的才情与胸臆，诗书画文，无一不通。不仅如此，他在太多的诗画中，以"明珠"、"珠"泛指当时文人的才学智慧，有珠者（如他自己）往往落魄于荒野，而无珠者却豪横于朝野，何其不公！徐渭执笔挥洒，既是写意，也是写情，写心中不平，写世道沧桑。

(三)明代果蔬

如前文所说,我们猜测徐渭在日常生活中,恐未必能将螃蟹作为日常啖食,但每逢秋意盎然、鱼蟹肥美之时,总有馋嘴的时候,怎么办呢? 只能以"笔底明珠"作为交换了。在《鱼蟹》一诗中,他描绘了与友人深夜饮酒对话的场景,两人酒酣之时,感觉少了点陪酒的辅食,想到正是螃蟹上季的时节,于是寻思着以物换物:"夜窗宾主话,秋浦蟹鱼肥。配饮无钱买,思将画换归。"只是不知,徐渭是否成功对换,尝得一口鲜美蟹肉了。

我相信,在他返乡后的书斋生活中,大部分果蔬食材都是较为习常可见的乡间饷食。他曾在自家小院子里耕种蔬果,以图全家果腹,"老去圃难便,艰难七十年";也时常以书画作为交换,去市集乡里换回一些吃食。甚至,他还异想天开地设想,如果笔下这些巧夺天工的蔬果能够点笔成真,移入厨房,那么一家人都能有口吃食了:

> 葡菜芴茄满纸生,墨花夺巧自天成。若教移向厨房里,大妇为斋小妇羹。(《题自画菜四种》)

在徐渭的作品中,较为集中地描绘蔬果的,当属他的《花果图卷》(见图12),从蔬果图的局部中,我们可以看到徐渭细致地描绘了一些乡间常见的新鲜蔬果,这是他在碧霞宫避暑修道之时,有人专门送给徐渭的果蔬:莲藕、南瓜、荸荠、菱角、萝卜、竹笋、茭白,葡萄、佛手、荔枝、柿子、梨、杏仁、龙眼、柑橘……果蔬如此之多,徐渭想来不会白受他人恩惠,于是信手提笔作画,虽不工整,但硬塞给了对方,在画作末处,他记叙了这个细节:

> 余避暑碧霞宫中,客有以瓜果饷余。临别出侧里一束於袖中。余曰:是欲余作负进账耶! 客笑不答。余即握管画瓜果之类以塞,殊不

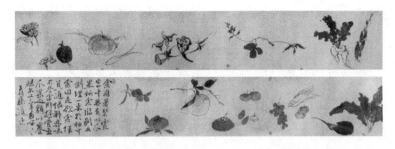

图 12　（明）徐渭，《花果图卷》（局部），沈阳故宫博物院藏

工，幸勿哂之。青藤道士。

　　当然，作为地地道道的山阴绍兴人士，徐渭对葡萄的喜爱是显见的，在诗文和画作中，葡萄作为"明珠"的代表，一直是徐渭热衷的笔底果蔬。葡萄也是他所有画作中出现频率最高的水果之一。作为一个舶来的水果品种，葡萄在明代成为了最为人们追捧的水果之一，这与明代的水果种植技术、酿酒技术、种类发展及其美学观赏价值有极大的关系。在徐渭生活的明代绍兴府，葡萄作为当地物产，很明确被记入地方志中，万历《绍兴府志》第十一卷记载了当地"物产"门类，在"果"类中谈到葡萄已经分为两个品种："蒲陶有浆水、玛瑙二种……"我们都知道，葡萄可制酒，在饮酒之风与制酒技术都极为繁盛的明代，徐渭是否也与诗仙李白一样，享受过"葡萄美酒夜光杯"的雅意别趣呢？

　　据载，"张骞使大宛，取葡萄实，于离宫别馆旁尽种之"，葡萄最早由张骞出使大宛国[1]时引入，是丝绸之路上最早传入我国的农作物之一。在古代，葡萄又被称为"蒲陶"或"蒲桃"，都属于欧洲品种，原产地在黑海和地中海一带，最初传到埃及，后进入中东地区。最早进入我国的葡萄就有不同种类，只是最初不能量产，专供皇家贵族，例如魏晋时期的曹丕就是葡萄的超级爱好者，《太平御览》中记载了他召集群臣，对葡萄这种进口水

1　大宛国，位于帕米尔西麓，汉代东西交通上的要道，汉武帝时，张骞通西域，首
　　先抵达大宛。

果的盛赞：

> 魏文帝诏群臣曰："中国珍果甚多，且复为说蒲萄。当其朱夏涉秋，尚有徐暑，醉酒宿醒，掩露而食。脆而不酸，冷而不寒，味长多汁，除烦解倦，又酿以为酒，甘于曲蘖，善醉而易醒。"

这里，曹丕就谈到了葡萄可以酿酒，甘甜的口感胜过酒曲制酒。到了明代，在一些重要的葡萄种植地区，如山西太原一代，葡萄加工制酒的技术已十分纯熟，佳酿皆入贡朝廷，明代酒文化极盛，《明实录》中有洪武初年"太原岁进蒲萄酒"的文字记载。但葡萄酒的普及与发展并非长盛，朱元璋上台后曾以个人不喜饮酒为由，下令禁止效仿元代，认为不宜劳民伤财地供酿葡萄酒，"昔元时造蒲萄酒，使者相继于途，劳民甚矣，岂宜效之?"久之，葡萄酒酿造的发展有回落，葡萄酒也成为珍贵的稀有物品了，在宫廷尚且为"非常之物"，何况在民间乡野了。即便在畅谈明代酒文化的专著《酒概》中，对葡萄酒的描述也是寥寥：

> 蒲萄酒。西域有葡萄酒，积年不败。彼俗传云，可至十年。饮之醉，弥日乃解。

在徐渭生活的江浙一带，实际上种植葡萄的记载从南宋时期就已出现，大多从北方引入。从江浙的方志来看，葡萄种植在明代十分普遍，且味甘不俗，如《绍兴府志》中提到的"浆水"、"玛瑙"两类就是从葡萄的形状、口感特征来进行区分命名的。在科技发达的有明一代，农学、医学、文学著述上有大量关于葡萄品种的记载，李时珍在《本草纲目》中就曾记载过一种葡萄"圆者名草龙珠"，竟以龙珠比喻葡萄，真是妙哉！

明代王象晋编著的《二如亭群芳谱》是一部经典的园圃著作，以40万字鸿篇，记载了植物品种分类与栽种之法。介绍葡萄品类时，他作了大段文字诠解：

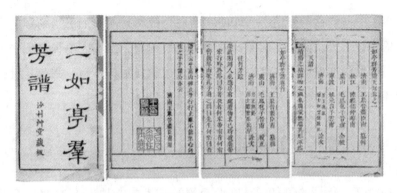

图13　（明）王象晋编著，《二如亭群芳谱》

> ……有水晶葡萄晕色带白如着粉，形大而长味甚甜，西番者更佳；马乳葡萄色紫形大而长，味甘；紫葡萄黑色，有大小二种，酸甜二味；绿葡萄出蜀中，熟时色绿，至若西番之绿葡萄，名兔睛，味胜糖蜜，无核则异品也，其价甚贵；琐琐葡萄出西番，实小如胡椒，云小儿常食可免生痘，有云痘不快，食之即出……

在这段文字中，我们已经能够看到水晶葡萄、马乳葡萄、紫葡萄、绿葡萄（还包括西域的兔睛葡萄）、琐琐葡萄等不同味道、不同形状、不同功效的葡萄品类。

进入明代文人的案牍生活，玲珑的葡萄时常伴随着酒香，成为重要的艺术创作素材、灵感迸发的源泉。有如徐渭一般，以"明珠"自比，抒写义愤情怀者；也有沉醉觥筹，流转于酒香，书写风月的文士浪子。明初高僧守仁在阳光下观察紫葡萄和马乳葡萄，谱次韵一首："镔刀剪断紫璎珞，累累马乳垂金风"；每每经过葡萄藤下，见到丰盈的葡萄，人们便驻足停留，落座品鉴，"明末五子"之一的胡应麟游玩时，与友人看到绿葡萄正熟，立刻四下落座，"蒲萄新绿照人间，急管繁弦四坐倾"；抗清义士魏畊流落他乡时也曾借酒浇愁："会须日饮蒲萄酒，何事低头逐少年"。

而像徐渭这般，历经千帆、囿于陋室，文才艺能蜚声南北，人生际遇千疮百孔的文士，大抵是少见的。他笔下的水墨葡萄少了一分内敛的苦闷、多了一抹旷达的豪情——即便它的底色依然是灰暗的。当蹒跚的青藤老人倚靠在书斋门阶上，向着晚风回望这蹉跎的一生，往事种种似乎也已如水墨般晕染而模糊了，他以一副残躯抵抗着命运的摧折，独步艺林，仰天而啸——

世事模糊多少在，付之一笑向青天。

2017 年，徐渭的《写生卷》在北京嘉德艺术中心拍出 1.27 亿的高价落槌，这是《石渠宝》著录的十二件徐渭作品之一，如此高价成交，是五百年前的徐文长绝对无法想象的。在他那个落魄年代里，笔底明珠无处卖，食不果腹，处处忧患；而在当世的艺术市场上，他的笔墨被人奉为至宝珍藏。2021 年，在徐渭的"青藤书屋"不远处的青藤广场上，矗立起一座新建的徐渭艺术馆，这位旷世奇才以颇具现代性和戏剧性的呈现方式被现代人铭记。

只是不知，已在彼岸的他，是否略感宽慰呢。

参考文献

[1] 伊永文：《1368—1840 中国饮食生活：成熟佳肴的文明》，北京：清华大学出版社，2014 年。

[2] 周时奋：《疯癫苦难一画圣：徐渭传》，贵阳：贵州教育出版社，2018 年。

[3] 何平：《徐渭艺术风格研究》，北京：中国社会科学出版社，2014 年。

[4] 周群：《徐渭》，西安：陕西师范大学出版总社，2017 年。

"青藤门下牛马走"
郑板桥治印

尘世过客：流民图像与人间百态

生涯不复旧桑田，
瓦釜荆篮止道边。

——晁补之《流民》

序言

流民，《辞海》认定为"因自然灾害或战乱而流亡在外的人"，他们或受饥饿之苦，或罹征伐之乱，无法安于一隅，亦无从果腹。虽然现代城市生活中，我们已很难再看到成群的乞食者或流徙的浪人，但在封建社会时期，流民问题一直令朝廷头疼不已。

中国历史上，关于流民的文字记载最早出现在春秋战国时代。《管子·四时》记录了冬天发行的五条政令，"流民"一词出现在第五条政令中：

> ……是故冬三月以壬癸之日发五政：一政曰论孤独，恤长老。二政曰善顺阴，修神祀，赋爵禄，授备位。三政曰效会计，毋发山川之藏。四政曰捕奸遁，得盗贼者有赏。五政曰禁迁徙、止流民、圉分异。

这里"迁徙""流民""分异"指的是相同一类人群，即常年流离失所、流亡外地、无处安顿的离居者。管子认为流民横行不利于管理，应当禁止并进行管理。在古代文学中，流民主题也是极为常见纪实性创作主题。晁补之写宋代流民的惨状，说"生涯不复旧桑田，瓦釜荆篮止道边。日暮榆园拾青荚，可怜无数沈郎钱。"流民们背着瓦釜荆篮，栖息匍匐于古道边，或者拿着简陋的农具，在日暮时分偷偷溜进榆园里，捡掉落在地上的青荚充饥。到了明代，流民问题愈发严重，《明史·食货志》记载"年饥或避兵他徙者曰流民"，他们成群结队，为自己争取生存机会，不惜破坏社会秩序，勾结流寇，四窜作乱，一度成为朝廷的心头大患。

看多了统治阶级或士族大家庭的宴饮场景，我们总惯于向往上层贵族的风花雪月与诗画琴歌，似乎逐渐遗忘了另外一群出没在街头巷尾的流亡者，他们衣衫褴褛，朝不保夕，身患异疾，蹒跚而行。他们曾努力地游走在生死边缘，在久远的画卷里与我们对视，诉说一段不堪回首的颠沛流离。

（一）市道丐者

历朝历代，上至皇宫贵族，下至黎民百姓，大多谈"流"色变，视之为"恐"。中国绘画史上，专门的流民图卷并不多见。东汉年间，出仕于献帝时期的荀悦曾说："士好游，民好流，此弱国之风也。"《礼记·月令》多次提到"国有大恐"，紧随其后就提到百姓的流亡问题："孟冬行春令，则冻闭不密，地气上泄，民多流亡。"后汉《太平经》卷书中也谈到帝王的心腹大患："帝王愁苦，万民流亡"。种种文字记录表明，"流民"被古人视为惶恐和禁忌的代名词。

流民图像属于社会底层民众的生活实录，在绘画上并不占主流。即便到了人物画异常流行的 10 世纪，人物绘画也多出于为皇室立传和表彰功勋的目的(又或以此讽喻)，宣扬贵族与士族"忠臣孝子，烈士贞女"，文人墨客以图画的方式记录灾民实况并以此警世的观念与做法，尚未正式出现。直到 11—12 世纪的北宋时期，流民图才有迹可循——这与一位叫做郑侠的地方官有关，在他之前，"料无一人"，我们在下文也会谈到郑侠的流民画作。但是，真正完整可见的流民图像出现在 15 至 16 世纪的明朝——

那是明朝正德年间，一个秋日午后。画家周臣（1460—1535）在自家小院中休憩，他倚靠木窗，拖腮神思，闲来无事，看日渐西斜。突然兀自想起平素里偶遇的形形色色的流民，于是提笔研磨，率性地勾绘了廿四位流民的形象，整幅画卷意笔草草，却各尽其态，反映了明朝流民的生存样貌。这，就是中国绘画史上罕见的《流民图》卷（见图 1）。

周臣在对画作的注解中谈到："正德丙子秋七月，闲窗无事，偶记素见市道丐者往往态度，乘笔墨之便，率尔图写，虽无足观，亦可以助警励世俗云。东村周臣记。"作为活跃在苏州一带的职业画家，周臣本人多以画工自居。他继承了院体画风，深得李唐神韵，主要擅长山水、人物和花鸟，作品格调俊逸秀美，独树一帜。现存的资料中尚未发现有关周臣家族背景或其本人科举的文献记录，现代人对周臣生平的了解也几乎寥寥，但是周门弟子中有两位高足，却声名远播、人人耳熟能详：仇英和唐寅。两人风格上极为相近，青出于蓝，在当时已经盖过老师的名气，后人无不敬仰。

图 1　（明）周臣，《流民图》（局部），美国檀香山美术馆藏

　　周臣的《流民图》卷一共描绘了二十四位流民形象，装裱成册页，后人又将原作册页从中间裁开，一分为二装裱，因此现在分为前后两卷。前半卷为美国火奴鲁鲁艺术学院收藏，后半卷为美国克利夫兰艺术博物馆藏，均不在国内。除去简单的人物形象勾绘之外，画面如实描写，并无任何背景修饰，我们亦无从考据流民的具体身份信息。

　　明代的乞丐是什么模样？周臣画的二十四位流民有什么不同呢？虽然我们将周臣题记中所说的"市道丐者"一言以蔽之为"流民"，但实际上，这些混迹在"市道"上行乞的人也应再作区分。为什么这么推断呢？因为周臣在题记中所用的词"市道"并不单纯指街头巷尾，而是专门指向市场上的纵横道路。因此，绘画中的市道丐者指出现在市场上行乞、卖艺、游走的各类人等。画卷中的二十四位流民，包括纯粹的"讨口饭吃"的"正宗"乞丐，如左图中匍匐在地的妇女，头发蓬乱，面目狰狞，也包括带有一定技艺性的卖艺者，他们耍猴、弄蛇、戏松鼠、打板唱曲，各尽其能，如右图中患有眼疾的独眼乞丐，打着快板，敲着腰鼓，敲板唱杨花（见图2）。

图 2　独眼乞丐与老妪

　　周臣流民图中的人物形象并不仅限于这些标准的乞丐，它向我们展示了明代街巷上的人群生存状态，除了二十个正儿八经的乞丐之外，还有几位显得格格不入的市道丐者，他们是一位道士、一位僧人、一位老妪，一位年轻女子（见图3）。两位女性都梳着发髻，身背厚重的行囊，是明代中叶出现的"卖婆"群体代表。"卖婆"主要聚集在江南地区，指的是做生意的女性，这个生意可大可小，由于卖婆能够进入深闺，接触到大量无法踏出家门的闺中千金，畅行无阻，因此她们也承接一些类似传递信件的小工作。散曲《卖婆》言简意赅地描绘了她们的生活："货挑卖绣逐家缠，剪段裁花随意选，携包挟裹沿门串。脚不丕无远近，全凭些巧语花言。为情女偷传信，与贪官过付钱，慎须防请托贪缘。"在明代，"三姑六婆"的说法已经出现，卖婆的喊法实则隐含一定贬义意味，通常情况下，并非值得尊敬的身份。

图3　《流民图》中的卖婆与僧道，美国檀香山美术馆藏

中国艺术史上，专门绘制下层阶级中市井女性的作品并不多见，从女性绘画史的角度来看，《流民图》能够关注并勾绘明代卖婆群体，十分难得。

（二）饥民图说

周臣的《流民图》诞生于武宗正德朝的中期（1516年7月），当时，长江中下游地区灾荒频繁，田中无苗，百物殆尽，又时常发生虫灾和疫病，因此在这一组二十四人的流民群像中，有四幅肖像描绘了流民进食的场

景，暗示着明代饥荒时期的下层饮食惨况。如乾隆年间《寿州志·灾祥》曾
记载明代正德年间的荒情："明武宗正德四年，寿县夏大旱，蝗飞蔽日，
岁大饥，人相食。"从时间上来推算，周臣《流民图》的创作，概与明代历史
上的大旱、蝗灾和饥荒脱不开干系。那么，明代流民究竟吃些什么？在特
殊的饥荒或战乱年代，朝廷做了哪些赈灾的决策呢？

　　我们先来看一看《流民图》中的这四位正在进食的流民形象。其中三幅
来自美国克利夫兰美术馆藏本，图中人物都衣衫褴褛，发髻蓬乱，右边两
位身上背着竹篓(见图4)，内有疑似萝卜或野菜的绿叶植物，左边一位赤
裸上身、发髻蓬乱的精瘦乞丐，右手持一不明物体，开着嘴巴，疑似啃咬
食物状。这个精瘦乞丐是否在吃食物？如果是的话，他在吃的是什么呢？

图4　(明)周臣，《流民图》局部，美国克利夫兰美术馆藏

　　有学者认为，这位乞丐手持硬物(例如砖块)，在捶打自己的身体(例
如敲击牙齿)，试图通过自残的方式来博取同情，获取他人的钱财与食物，
这就是"打砖搽粉脸"中的"打砖"。打砖和搽粉脸的说法在冯梦龙的话本小
说中有过描述，是乞丐行乞的惯用伎俩，《金玉奴棒打薄情郎》中说乞丐们
丑态逼人，是一群泼鬼，连钟馗都无法收服——

旧席片对着破毡条，短竹根配着缺糙碗。叫爹叫娘叫财主，门前只见喧哗；弄蛇弄狗弄猢狲，口内各呈伎俩。敲板唱杨花，恶声聒耳；打砖搽粉脸，丑态逼人。一班泼鬼聚成群，便是钟馗收不得。

打砖的说法有理有据，但同时，我们也提出追问：如果他手中拿的不是砖块，其本人也并不是在打砖，那么，他这个不规则的物块是什么呢？我们猜测这极有可能是树皮，乞丐可能正张口啃咬。元末明初时期的刘崧所写《采野菜》一诗，较为典型地描绘了人们的饥饿惨状：

采野菜，行且顾，野田雨深泥没路。稚男小女挈筐笼，清晨各向田中去。

茫茫四野烟火绝，去年秋旱今年雪。草根冻死无寸青，却揽苦荬泪流血。

水边蒲荇未作芽，甘荠出泥先放花。长条大叶瘦且老，得似家园菘韭好。

枯肠暂满终易饥，酸苦螫人还自知。

采野菜，行且哭，贫家食菜苦不足，寨军掠人还食肉。

我们知道，明代灾荒年间米麦不收，粮价暴涨，百姓无力承担。特别在明中后期，官吏腐败，税收繁重。在这种情况下，百姓生活无以为继，不得不以草根、树皮或野菜等果腹。例如泰昌元年，有大臣上奏"淮北居民食草根树皮至尽"；《嘉兴府志》也记载了崇祯年间大饥荒的情况："斗米四钱，人食草根木皮"；《三吴水考》记载嘉靖年间大旱，"嘉靖二十四年乙巳旱，斗米千钱，人食草根木皮，大疫，路殍相枕。"由此推断，左图的赤裸流民啃食树皮、木皮的可能性就很大了。这里说的"斗米四钱"、"斗米千钱"究竟是什么概念呢？我们来横向对比一下正德年间及其前后的粮价变化，见表1：

表 1   正德年间及其前后的粮价变化

明代年号	每石价格（钱）	每斗价格（钱）
天顺（1457—1464）	2.56	0.256
成化（1465—1487）	4.41	0.411
弘治（1488—1505）	4.18	0.518
正德（1506—1521）	4.75	0.475
嘉靖（1522—1566）	5.84	0.584

数据来源：彭信威：《中国货币史》，上海人民出版社，1958 年，第 497 页。

从数据上看，明代天顺年间粮食每石 2.56 钱，嘉靖年间为 5.84 钱，翻了两倍不止，到了崇祯年间上升到 11.59 钱，可谓天价。数据之外，还有更惨烈的现实苦难，地方官员贪污腐败，赈灾粮无法落实到位，民有饥色，野有饿殍。

由于越来越多的灾民、饥民、流民向大自然和黄土地直接索取可食之物，以草木为食，所以当时的有识之士开始有意识地编纂救荒的植物，刊印成册，为流民们提供替代性食物的参考，例如《救荒本草》《野菜谱》《野菜博录》等。《救荒本草》（见图 5）为明代早期的一部植物图谱，共记载可食用植物 414 种，品类 276 种，作者为明太祖第五子朱橚，是明代重要的植物学家。他在原有《旧本草》的基础上，探索并添加了更宽泛的食用植物种类，每种植物都配有精美的木刻插图作为实物参照，对当时流亡的百姓而言，是类似食谱的存在，《救荒本草》也因此被称为"救命王"。书中将可食用的植物分为若干个部类，比如"草部""木部""果部""菜部"等。

"草部"包括麦蓝菜、委陵菜、独行菜、花蒿、拖白练苗、野蜀葵、蛇葡萄、星宿菜、水荬衣、小虫儿卧草、兔儿尾苗、地锦苗、野西瓜苗、香茶菜、蔷防、牛儿苗、和尚菜、荬菻、百合、天门冬、地稍瓜、野胡萝卜、绵枣儿、野山药、鸡腿儿、老鸦蒜、山萝卜……；"果部"包括葡萄、李子树、木瓜、植子树、郁李子、菱角、软枣、野葡萄、梅杏树、野樱

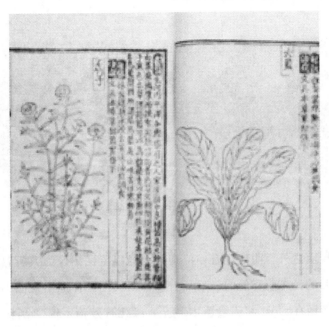

图 5　（明）朱橚，《救荒本草》内页

桃、石榴、杏树、枣树、桃树、沙果子树、莲藕、鸡头实、荠菜、紫苏、
荏子、灰菜……

　　这份救荒的"食谱"为我们辨析《流民图》中其他几位进食乞丐的食物提
供了一定依据。如克利夫兰美术馆藏本的另一位行乞者（见图 6），蓬松的
发髻顶在脑袋上，袒胸露乳，双手捧着瓜果类食物，正在进食。根据《救
荒本草》中"果部"所列食物推断，应为西瓜、甜瓜或木瓜一类食物。这位
啃瓜的老妪腰间还背着一个竹篓，与另一位用筷子进食的行乞者相同，这
位行乞者手持的筷子是两根随手折下的树枝，竹篓里满满当当装着绿叶植
物（见图 6）。他们竹篓的绿叶野菜究竟为何？"草部"所列食物均可供参
考，同时，我们猜测，竹篓野菜极有可能是"果部"的带叶山萝卜。这个推
断立足于另一位进食乞丐的图像，即来自美国檀香山美术馆藏的《流民图》
下半册。这幅图中的流民左手持杆，右手抓着带叶植物，正在吞食中，通

过细节图对比，所食之物最似山萝卜。

图 6　流民进食细部

　　除了周臣之外，明代还有一位画家同样以流民图像为人所熟知，这就是为民请命的杨东明和他的《饥民图说》。饥民图画作原本现已不存，现尚有版画图像留存，分为"人食草木""全家缢死""水淹禾稼""刮食人肉""饿莩满路""杀二岁女""子丐母溺""饥民逃荒""夫奔妻追""卖儿活命""弃子逃生"等多个主题，以此表现明代饥荒时期的人间惨剧。杨东明是万历年间的刑科给事中，在朝廷百官中被称为"凛凛丰骨如日月行天，有折槛碎阶之风"。1593 年，黄河决堤，豫东地区人民受灾严重，杨东明绘制《饥民图说》上疏，图文并茂，万历皇帝阅后动容，恻然泪下，立刻下令赈灾，拯救数以百万的灾民于水火。

　　杨东明《饥民图说》中的"人食草木"与周臣《流民图》的内容相吻合，同时还涉及了极端情况下"人吃人"的残酷行径：杀二岁女、刮食人肉。中国历史上早有食人现象出现，先秦宗教仪式上就有人为的习得性的食人习俗。但更多的食人主要由战争、饥荒、瘟疫等生存性威胁而导致的。例如唐末连年战乱导致扬州弹尽粮绝，当地百姓不得已相杀，"饥民相杀而食，其夫妇、父子自相牵，就屠卖之，屠者到剔如羊豕"。灾荒期间，"人相食""民相食""易子而食"等记载，也是古代文献中对灾情的常见记叙。

　　除了周臣和杨东明的两卷流民图之外，陕西历史博物馆藏有石崟《流民图》卷，大英博物馆也藏有一件吴伟款的《流民图》长卷。这些画卷都以明代流民群像为主题，表现底层人物的嬉笑怒骂与摸爬滚打。只是，这两卷画像中的人物并未有明确的食物相关细节，我们也就不再赘述了。

图7　(明)杨东明，《饥民图说》之"刮食人肉"(版画)

像杨东明那样在朝堂之上递呈饥民图、流民图的大臣，并非孤例。比如嘉靖年间，大量因旱灾流亡的百姓应召修陵，但陵墓工程完结后，上万饥民滞留，"或鬻子捐妻，或剥木掘草，或相向对泣，或矫首号天"，当时的御史大人姚虞便向朝廷进谏了自己绘制的《流民图》册。四十多年后，山西饥荒，布政使沈子木同样以图上奏，在他们的疏词中，均提到了郑侠："敢效郑侠之献"、"仿郑侠绘《流民图》奏上"。

原来，北宋郑侠上呈《流民图》之举，影响深远。在明代的朝堂上形成一种潜移默化的共识，用图像来诉说尘世的苦难与死亡的凄厉，这就是以图进谏的"流民图"传统。周臣的画卷问世半个世纪之后，后辈文人张凤翼品阅《流民图》，并提笔作跋，提出周臣此举实为对北宋郑侠《流民图》的效仿——虽然事实上，我们尚且没有十分明确的依据推断周臣是否有政治性目的。

北宋神宗年间，在复杂的政治角力推动下，王安石变法得以推行，使得原本苦于天灾人祸的贫苦百姓不堪重负，社会动荡，民众罹难。郑侠心急如焚，"青苗、免役、保甲、市易数事，与边鄙用兵，在侠心不能无区区也"，怎么办呢？郑侠差遣画工将所见的灾民惨况绘于纸上，以画进谏，欲以流民图摧毁自己恩师推行的新法，警示水旱灾害的人为因素及变法可能带来的严重后果。多次上奏受阻后，郑侠冒着欺君之罪，谎称军情，拍马直递奏章，越级上报。当时在位的皇帝宋神宗（就是第六章中宋徽宗赵佶的父亲）看完奏疏后，"反覆观图，长吁数四，袖以入内，是夕寝不能寐"，辗转反侧，次日便罢去了当时多为人诟病的青苗法。郑侠的《流民图》也为王安石变法的最终败亡埋下了伏笔。

可惜的是，郑侠的《流民图》并未在历史的洪流中得以保全，我们也无法一览其原貌。虽然明代文献和资料中，也曾出现过一些文士声称自己看到了郑侠版的原图，但其真实性已无从考据了——极有可能是假借观画之名，来达到自己的进谏目的。比如，翰林院的文官鲁铎宣称自己曾见过一幅画，正是郑侠的流民图。鲁铎专门为此作长诗一首《观郑侠流民图》，诗文中提到了流民的饮食实况：

试看担头何所有？麻糁麦麸下□缶。
道旁采掇力无任，草根木实连尘土。
于中况复婴锁械，负瓦揭木行且卖。
形容已槁瘠负疮，还应未了征输债。
千愁万恨具物色，不待有言皆暴白。

其中"麻糁麦麸""草根木"的描述，与周臣《流民图》中出现的食物及《救荒本草》中提到的救荒植物，如出一辙。假设郑侠《流民图》中对这类饥民食物有图像描绘，那么我们更有理由相信，周臣《流民图》的绘制是对郑侠的效仿。由此可以推断，周臣在《流民图》在主题内容的选择和构思时，是具有一定倾向性的。

无怪乎，张凤翼由此及彼地推断，周臣以流民图像记录流离失所的乞食者与残障人士，是继承了郑侠的做法。这似乎呼应了周臣本人在题记中那句耐人寻味的话："虽无足观，亦可以助警勉世俗云。"——虽然我的这卷画作并没有特别可值得一观之处，但或多或少可以帮助警示与勉励世人。

民以食为天，除了上层阶级的珍馐美馔，更有尘世流民的草根木皮。

从中国饮食史的角度看，并不是所有的饮食现象都必须聚焦于贵族阶层，"果腹层"的底层民众，同样有关注的必要；从中国艺术史的角度看，流民图、饥民图，或笼统的"市道丐者"的形象，更是艺术表现中浓墨重彩的一笔。他们呼唤更多的人性大爱，也更诚恳地反映出画像背后的历史真实。

这些流民图像掩藏在鲜艳的历史图景背后，像一只黑色的利爪，试图撕破假象，它们以无声的抗争与现实的恶龙缠斗，它们迫使读者去凝视深渊，去呼唤极端的黑暗中可能出现的那一丝丝微弱的光明。

📝 参考文献

[1] 黄小峰：《红尘过客——明代艺术中的乞丐与市井》，《中国书画》，2019 年第 12 期。

[2] 黄小峰：《古画新品录：一部眼睛的历史》，长沙：湖南美术出版社，2021 年。

[3] 彭信威：《中国货币史》，上海：上海人民出版社，1958 年。

[4] 沈乃文主编：《明别集丛刊》第 1 辑，合肥：黄山书社，2013 年。

朱门酒肉臭，路有冻死骨。

太平欢乐：江南农贸集市面面观

门厅之楣，或贴"欢乐图"……
——《清嘉录》

序言

乾隆，一位特别热衷下江南的皇帝。在乾隆朝前后六十年的统治中，国内政治体制完备，疆域辽阔稳定，经济发展迅速，出现了中国封建社会历史长河中空前稳定和辉煌的时期。在民间，人们会津津乐道乾隆皇帝下江南时的种种轶事趣闻。前后六十年，他总共南巡六回，正月中旬自皇城出发，一路南下，前往江苏、浙江游历，最终抵达杭城。彼时江南，不可不谓人文荟萃，太平欢乐。杭州，这个在远古大禹时代就见于文字的都城，在乾清时期，已是全国声名显赫的富庶之地，商贾往来贸易而不绝，文人墨客流连江南山水而忘返，除了淡妆浓抹总相宜的西湖，还有掩藏在山林修竹中的亭台、塔寺、石窟、摩崖，更有八方汇聚的南北风味美食。百姓劳作有法，集市门庭若市，俨然一幅汇集了人间百态的市井全貌图。

乾隆游玩途中，畅怀抒情，吟诗作赋，别有一番情趣。例如到了苏州，他吟诗一首：

> 乔装军士访民间，酒馆初逢结凤缘。调笑全无君子貌，风流自有
> 众花颜。
> 春心托意幽期久，媚眼传情软语绵。佳话成篇留世代，游龙戏凤
> 唱千年。

到了杭州，再吟一首：

> 西湖暮色雾遮纱，水面波光映晚霞。泊岸龙船沽美酒，悬空淡月
> 掩星华。
> 凭窗细雨如丝落，点笔酬诗散绮花。晴后芙蕖争吐艳，岚烟缕缕
> 绕天涯。

当然，游玩并不是全部目的。一来，乾隆借由南巡之便，有效治理河工，监管黄淮泛滥的回护工作；二来，到这人文荟萃之地，召见并择优挑选一些文采卓著的读书人，以此加强并笼络士大夫阶层。因此，沿途的文士们直接或间接地趁着乾隆南巡之机，举荐或自荐，纷纷献上书画作品，试图博得乾隆帝的偏爱。

在乾隆第五次南巡（1780 年）到杭州的时候，一位叫方薰（1736—1799）的浙江画家辗转多手，给乾隆呈上一卷图册，里面是一百幅小画，对照一百份工整的小楷按语，丰富地勾绘了杭嘉湖地区的市井生活——这就是最初闻名于世的《太平欢乐图》画册。

（一）从石门布衣到泾上老农

方薰（1736—1799），字兰士，号兰坻、兰如等，是浙江石门（今桐乡）人，一介布衣，性格绢介，诗书画艺皆高，尤其擅长写生工笔。他完成的

百幅《太平欢乐图》通过曾经担任刑部主事的金德舆[1]进呈到内廷，乾隆帝看后大加褒奖，方薰的《太平欢乐图》因此名扬天下。据传，这套图册进呈内廷后，曾留有一套副本在金德舆府上，因得到天子夸耀，被人们争相借阅，一时引起风潮。

方薰的这套画册副本，在嘉庆十二年（1807年）被嘉兴的一位古玩收藏家私人收藏。我们现在在古籍文献或书籍市场上，能够查阅到的《太平欢乐图》大多出自另一位嘉兴画家的手笔。据载，道光七年（1827年），嘉兴画家董棨根据方薰的画册副本，进行临摹，成为了我们现在能够看到的，学林出版社出版的《太平欢乐图》。我们并不着意去深究原版的去向留存，也并不纠缠于不同摹版的异同之处，只聚焦于董棨《太平欢乐图》本身。这套细致描绘了江南百姓日常的图文书，为我们留下了走进江南历史和清代艺术的通衢。

在中国传统艺术与文学皆集大成的年代，清朝艺术家灿若星辰，董棨似乎并不是一个获得重点关注的名字，甚至文献资料中，对他本人及其作品的介绍或研究，也是相对有限的，我们基本可以确定的信息如下：董棨（1772—1844），清朝"嘉禾八子"之一，字石农，又号梅溪老农、泾上老农，秀水（今浙江嘉兴）人。花卉翎毛等工笔技法深得方薰影响，中期逐渐形成自身风格，意态繁缛，笔法清新脱俗。山水、人物、杂品皆有所成，他编撰的画论著作《养素斋画学钩深》，以训诂法入手，作画史简论，颇得要领，是认识董棨艺术观念的重要文本。

《养素斋画学钩深》中对画的基本特征、创作思想和学古的法度，都有非常精要的阐论，可辅助后来的艺术学者与民俗学者更好地识读画作的内容。我们都知道董棨作《太平欢乐图》是师法方薰的版本，但谈到如何正确且恰当地"师古人"，董棨又有自己的分寸：

1　金德舆：1750—1800，字鹤年，号云庄，浙江桐乡人，能诗擅书，清代著名藏书家、诗人，曾任刑部主事。方薰父亲去世后，就食于金德舆家中，饱览藏书，画艺大有精进。

> 古人之法是用，而造化之象是体。古人之所画皆造化，而造化之
> 显著，无非是画。所以圣人不言《易》而动静起居无在非《易》。画师到
> 至极之地，而行住坐卧无在非画。

董棨以颇具哲理的类比，描绘了师法古人的体用之辩：临摹古人并不是一味
被动地被古人牵着鼻子走，而是将古人为我所用，最终化为古今一体。在尊
古、仿古、复古之风劲盛的年代，董棨提出了画家主体的重要性，是走在时
代之先的。在《养素斋画学钩深》的尾处，他的论述更为直接和精要：

> 临摹古人，求用笔明各家之法度，论章法知各家之胸臆，用古人
> 之规矩，而抒写自己之性灵。心领神会，直接不知我之为古人，古人
> 之为我，是中至乐，岂可以言语形容哉！

可见，董棨终极提倡的，是以古人的方法抒发自己的性灵，如果能做
到不分古今、难分你我，那就是临摹古人作品的最高审美愉悦了。

当然，《太平欢乐图》首先吸引读者的，不是画像本身的内容，而是并
不多见的图文互补的阅读形式。虽然"左图右史"或"左图右书"的艺术形式
自古有之，古人认为，有图文互证的读物，考据更为扎实，更简明易懂，
便于人们记览。在中国传统艺术作品中，书与画的同时出现，大多是"题
画诗"的形式，即是说，诗文是画像的附加内容，是对画面内容的补充说
明。作为一种附属品，文字的重要性远在图像之下。而《太平欢乐图》却一
改旧制，将文字和图像置于同等地位，以"图文图书"的形式进行传播，颇
为有趣的是，"太平欢乐图"以图之名，汇编成书，又辅之以同等重要的文
字来匹配图，形成图像与文字之间的巧妙互文。如图1所示，董棨在描绘
湖州一带风行在集市的卖蚕行业，一面辅以文字进行说明，讲解汉代以来
养蚕之风的南迁，时下杭嘉湖一代湖州尤其盛行养蚕，集市上时常能够看
到挑着扁担、卖蚕的农户；另一面，以细腻生动的工笔画，构绘出农家挑
担鬻蚕的场景。

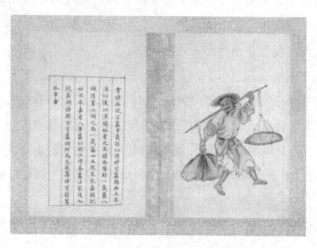

图 1 《鬻蚕于市》

(二)《太平欢乐图》

依照方薰、董棨的作品所示，乾隆年间江南水草丰盈，风调雨顺，百姓安居乐业，集市热闹非凡，一派"太平欢乐"之景。太平欢乐的日子里，怎能少得了人们日常必备的柴米油盐酱醋茶呢？在这片富庶的杭嘉湖平原上，这些日常必备的食材与调料，必然没有逃过画家们的勾画：卖油、卖盐、卖糖、卖笋、卖豆腐、卖菖蒲……在这个人声鼎沸的江南集市里，我们能够看到千姿百态的从业者，听到画纸上传出的密不可闻的吆喝声，我们能够联想到流动的人群和融通的文化。画像上的人，讲述的不仅仅是自己的故事，更是一个时代的生活底色。

(1)卖油

清代医师章穆编撰的《调疾饮食辩》第一卷就谈到如何榨油，他的理论是：凡草木、豆果、蔬菜果实不能酿酒的，均可以榨油。在《太平欢乐图》的《卖油郎》一幅中(见图2)，一位老汉身撑扁担，挑着两缸油，在集市叫卖。画面另一侧誊录了对江浙油料的阐述，文字部分更为具体和细节地讲述了浙江地区的五种油类：麻油、菜油、豆油、桐油、柏油。其中，菜油和豆油是现代人非常熟悉的，文字也只做了简单解释，说"豆油"是从黄豆榨取；"菜油"取自油菜子，也叫做香油。画家继续考据，谈"柏油"时，解释道它的油质如同蜡，《群芳谱》中曾提到可用柏油制作蜡烛；用"蔴油"作灯油没有烟，不会损害视力；而"桐油"也叫"荏油"，宋代的笔记体著作《演繁录》曾记，桐油是漆工所用之物。概而言之，据《太平欢乐图》的卖油郎文案可知，菜油、豆油是食用之物，另外三种（桐油、柏油、蔴油）则主要为日常实用。此外值得注意的是，清代大学者朱彝尊撰写了一部江南古食谱《食宪鸿秘》，书中记载江南地区产制口味特殊的"糟油"，并仔细阐述了制作方法：白糯米浸水煮熟后，加入甜酒药，进行发酵，制成甜糟十斤，然后用麻油五斤、上盐二斤八两，花椒一两，混合搅拌均匀。用较为稀疏的布扎住空瓶的瓶口，将搅拌后的混合物贮藏在空瓶内，封存固定，几个月后，空瓶内油水沁出，味道十分甘美。

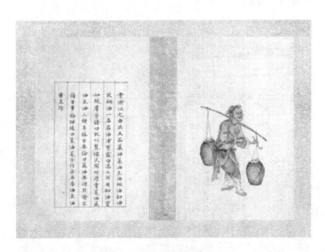

图 2 《浙江卖油郎》

总的来说，明清时期江南民间用油品种已十分繁多，主要可分为从植物榨取和动物榨取两大类，植物油的种类较为庞杂，《卖油郎》按语中提到的五种油类，均属植物油。动物体内制取的脂肪油并非烹饪的常用油，如猪油、鸡油、鸭油等，均不作饮食用。

（2）卖恤盐

卖盐图，在学林出版社《太平欢乐图》一书中，被命名为《卖恤盐》（见图3），这显然是迎合了按语的。这段按语内容引自清代《两浙盐发志》，说的是当时售盐需要一个叫做"肩引"的凭证，但持有肩引的挑担卖盐者只被允许在本县城乡市镇内贩卖食盐，每人贩卖总量不能超过四十斤，且同一区域内卖盐的人不能超过五六名，每一位贩盐者行动范围不得超过一百里。乍一看来，贩卖食盐不仅需要"持证上岗"，还不得不遵守多重规矩。紧接着话头一转，说由于地近场灶之处，私盐买卖相当猖獗，政府特许一些穷苦的无业游民前往盐场，担卖食盐："盖于杜除私贩之中，寓抚恤穷黎之意，圣朝宽典古未有焉"。盛赞朝堂圣明，体恤黎民百姓，"卖恤盐"应该正是出自"抚恤穷黎"的说法。《卖恤盐》图中，有一须白老者与一年轻小汉各自挑着两担白盐，盐粒细腻雪白，两人在交谈中行走售卖，应当是受到恩典的穷苦贩盐者。

图3 《卖恤盐》

清朝，我国沿海地区的盐场数量众多。由于食盐分布很广，但凡沿海或有池、井的地方，大都被民众开辟为盐场。地处江浙一带，人们食盐多以海盐为主，"海盐"又称末盐，生产成本低，而且操作非常简单，大体如下：在盐田挖地做坑，在坑口架上竹木，铺上蓬席，在上面堆咸沙。当海水涨潮时，"咸卤"（即盐碱）淋在坑内，退潮后即可提取盐碱，用细竹篾编成竹盘盛放，在釜中煎炼，便能产出食用盐，这是最早的煎盐法。经过不同朝代对煮盐技术的革新，到了明代，东南地区已大多采用晒盐技术，利用阳光直接晒盐，进一步加速了制盐业的发展。清代制盐仍然采用晒盐法，并做了一些改进，盐场数量增多，产盐量剧增。乾隆十八年（1753 年）一年内，全国总共行销买卖食盐的凭照，数额就达 6384231 引。[1] 尤其在明延平王郑克塽降清后，台湾海盐销路拓宽，采盐之人增多，盐类质量参差，竞争日趋激烈。乾隆二十年（1755 年），政府还专门增设了濑东盐场，随后陆续增加布袋嘴、北门屿等盐场。台湾产的盐颜色雪白，味道甚咸，是为上乘。

（3）卖糖

与食盐相比，糖在很长时间里并不是平民百姓生活不可或缺的必需品，而是一种高价的奢侈品。甘蔗是我国制糖的主要原料，东南地区蔗糖品种众多，"浊而黑者为黑片糖，青而黄者为黄片糖"，黄白相间为冰糖，"其为糖沙者，以漏滴去其水，一清者为赤沙糖，双清者为白砂糖"。明朝嘉靖年间，人们发明了白糖，明清时期的糖产量猛增，糖及其衍生品日益成为大宗商品，出现在日常街巷。

明清的糖品种类已颇为俱全，冰糖、响糖、凉糖、麻糖、砂糖、蜜糖、水晶糖、葱管糖、窝丝糖等。清宫内的糖类需量很高，宫内还专门设立了"甜食房"，《大清会典》记载的宫内一年买糖的开销就达到一万四五千两不等的银子，购买的糖类也很丰富，有盆糖、冰糖、八宝糖、核桃缠糖、白糖、黑糖等。

当然，宫廷的食用和民间的贩糖、食糖还是有一些区别的。《太平欢乐图》中出现过若干与糖类相关的民间活动，例如《卖糖粥》、《卖糯米花糖》等（见图 4、图 5），糖粥、糯米花糖都是较为简单和通俗的糖类加工食

1　（清）章穆：《调疾饮食辩》第一卷《总类·盐》。

物。《卖糖粥》描绘了一位孩童端着空饭碗，向卖粥者索要糖粥的情景，糖粥装在木桶中，以木架支撑。按语写道，在杭嘉湖诸郡县内，商贾云集，人来人往，如果外出期间无法回家吃饭，则可以找卖粥的人果腹补给。清代，粥的类别众多，并且浸润易消化，是经济实惠的主食，百姓也喜好喝粥，尤其灾荒之年，人们翘首期盼的就是"飞檄十郡走乡曲，传出天语令煮粥"。

图 4 《卖糖粥》

图 5 《卖糯米花糖》

糖类的加工衍生在清朝已经有了大规模发展，甜制品已经融入日常习俗，成为重要的民俗活动元素。例如宴请客人，会用到的糖果有芝麻糖、牛皮糖、秀糖、葱糖、乌糖等；尤其在婚俗中，男方给女方下聘的物品必定会有糖果、鱼、蛋、烟酒等，女方收下聘礼后，会回之以"响糖"、棋子饼等。《卖糯米花糖》记载了每逢腊月廿四之时，人们为在"交年"之日祭祀灶神，会准备胶牙饧、糯米花糖、豆粉团作为献祭之物，因此会有专门的"卖饧者"走街串巷进行售卖。胶牙饧和糯米花糖都是糖类制品，依据文字说明，学林版《卖糯米花糖》一幅，或应调整画作名称为"卖饧者"。

"饧"指的是糖稀，即软化了的糖块、面剂子等，在民间用法多样，最为孩子们喜爱的是吹糖人，《太平欢乐图》中就有一幅《吹箫卖饧》（见图6）。吹箫卖饧是一种卖糖风俗，"箫"指的是一种小竹管，《诗笺》载"编箫，小竹管，如今卖饧者所吹也。管如迟，并而吹之，卖饧之人吹箫以自表也。"糖果小贩们惯于以口吹箫，作为本行商品交易特征，以此招徕顾客。按语说的是，"浙江当春时，有以饧作为禽鱼果物之类，卖于儿童者。"如图6所示，这些吹糖人的小贩会加热糖饧使之软化，通过吹管的方法，在糖饧冷却定形前，捏制出鸟兽蔬果之类形状，吸引顾客们驻足。

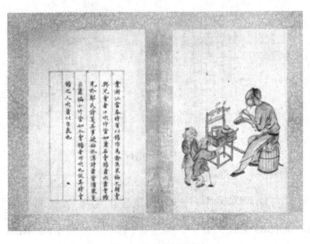

图6 《吹箫卖饧》

　　（4）节俗

　　董棨《太平欢乐图》还描绘了重要的节日风俗与民间文化，通过图文结合的形式，生动地向读者展示了清朝江南集市上的节俗与活动，例如端午吃粽子，元宵吃汤圆，中秋吃月饼等等，在画家笔下都成为了太平欢乐的征象。

　　《端午包粽子》（见图7）画的是五月初五端午当天，家家户户都会以粽子祭祀祖先，集市上也有卖粽子的小贩。包粽子即取茭叶，包裹黏米，里面放入栗子或者枣子，煮熟即可，端午包粽子取阴阳包裹之意。画面中便是一位挑着扁担，售卖粽子的农户。《元宵吃圆子》也是如此，按语首先解释了浙江元宵之节，无论士庶，都会买粉团送给亲友，谚语有云"上灯圆子落灯糕"，"圆"寓意团圆、圆满，"糕"寓意高升、向高处。《元宵吃圆子》还生动具体地描摹了小贩的汤圆售卖细节：以竹勺舀取汤圆，置入小盏之中，竹架子上还放着两小碟佐料（见图8）。

图7　《端午包粽子》

　　谈到节俗，自然少不了中秋。作为重要的中秋节点心，月饼一直是中国人心中"家"文化的象征。在《中秋月饼图》中（见图9），画家罗列了浙江土风中常见的几种月饼：桂花饼、枣儿饼、豆沙饼等，到了立春，集市上

图 8 《元宵吃圆子》

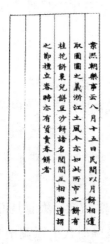

图 9 《中秋月饼图》

也会看到卖春饼的人。中国的月饼制作从宋元时期就基本进入定型期，到了明代，北京地区的老百姓将制作的大小不等的面饼为"月饼"，互相馈赠。久而久之，一些点心肆店就制作出各种奇巧精美的月饼，进行专门售卖。一般月饼用糖、面粉、奶油、果馅和其他辅料制成。在江浙一带，中秋制作月饼已成固定习俗，甚至在其他时令，也有人去点心铺制作月饼。在画面中，我们看到一位老者正在和面团，身边放着木炭烘炉，制作台上还摆放着各类月饼制作材料、模具，以及可供售卖的成品。

（三）外销画：不一样的集市

《太平欢乐图》中涉及百姓日常餐饮的细节内容繁杂且全面，也反映了当时江浙一带的市场化现象，所涉及的职业之广、文化内容之丰、文字阐释之精到，都是我们重新阅读它、研究它的价值所在。或许，在那个太平盛世，果真百姓安泰，美不胜收。一如乾隆自己在诗中所写：眼望湖北三千里，目达江南十六州。美景一时观不尽，天缘有分再来游。

1780 年的春天，万物复苏，春红柳绿。金德舆终于如愿将方薰的《太平欢乐图》呈献给乾隆皇帝。在他的上呈奏章中，写明了自己遣人作画的初衷：

> 臣读《汉书·食货志》曰：于三年之食曰登，再登曰平，三登曰太平。《韩诗外传》曰：世之治也，黎庶欢乐，盖世治则时和，时和则景福攸臻，嘉祥迭应，人无俭岁之虞，户有丰年之乐，是故观民之欢乐，足以知时之太平。观时之太平，足以知民之欢乐也。

金德舆巧妙地对"太平欢乐"图之名作了一番解读，大意是说，看到百姓的欢乐就能知道天下的太平，自己有感于乾隆时代的风调雨顺、国泰民安，于是请人将自己所见所闻记录下来，画下了这一册《太平欢乐图》进呈给皇帝，作为这段圣朝佳话的历史见证。他引经据典，考据严谨地录述了盛清时代杭嘉湖平原的俗语谚语，形象反映了人们的劳作和生活。

在这片杭嘉湖平原的集市上出现的形形色色的贩卖者、食物、植物、农作、风俗等，让我们看到了盛清市镇的繁荣风貌。市镇的繁荣加强了各个地区之间各类食品和文化的交流，有些市镇甚至专门开设饮食资源市场。在这里，人们制作、加工各种手工业品，同时生产大宗商品。作为集散地和运销中心，定期的集市或市场，实则将封建社会的农村家庭副业经济和市镇经济连接起来，实现了商品的层级跨越以及地方性的货物流通。常见的家用品，如粮食、布帛、药材、牲畜、家禽、柴炭、农具、蔬果等，都能一应俱全出现在集市里。乾隆《上杭县志》记载："大率相距十里即有市场，以便居民之贸易。其赴圩皆有定期，沿用夏历，以五日为期，届期人家需用物品以及土产皆毕集于市，互相买卖。"可见在这些定期的集市中，原料和成品市场彼此统一，形成了生产、销售、贮藏、流通的初级原始市场体系。

然而，这种初级市场体系，在金德舆递给乾隆的那版《太平欢乐图》中，应当是无法全面呈现的——毕竟金德舆要歌颂的是丰年之乐、百姓之安、圣朝之治。

于是乎，我们不妨将目光转向外部，来看看神秘的晚清画家蒲呱以及他的"外销画"（见图10）。中国外销画，也被称为"中国贸易画"，是晚清时期的一种特殊艺术现象，主要出现在通商口岸，它诞生在中西贸易带来的开放商机和文化传播之中，由专门的匠人批量生产，具有明确的商业目的。蒲呱就是晚清的广州外销画家，而关于他本人的可靠信息极少，至今尚无明确定论。根据学者黄时鉴、沙进的研究，蒲呱（Puqua）是18世纪后期中国外销画家中尚知其名的三位之一。"呱"是通商的地方口音 qua 的音译，即"官"。画师们的别号都以"呱"（qua）结尾，应当是从行商别号的"官"字借用过来的，当时洋人也习以为常。蒲呱，应当是一为蒲姓的外销画师。

虽然我们对蒲呱的了解少之又少，但可以确定两点：首先，他所作的外销画题材有别于官府内部视角的正面歌颂，为我们走近历史真实提供了渠道；其次，这些外销画明显有西方绘画中的透视、明暗意识，结合中国传统的线条勾勒之法，反而显出独特的艺术风味。他的一百幅水粉画，虽与《太平欢乐图》多有相似之处，但出现了诸多不可能见于后者的人和事——人们卖假药、卖私盐、睇风水、换屎精、设鬼、赌尿、卖老鼠药、

《倒屎娘》　　　《苦练修行》　　　《卖老鼠药》

《卖假药》　　　《拆字》

图 10　（晚清）画家蒲呱的外销画

打卦算命；行走在街巷上的可能是发疯妹、盲乞儿、苦行僧等。这些看起来上不了台面的工作，和那些为生活所迫不得不日复一日挑起扁担、浑噩度日的底层人物，成为一面更加清明澄澈的历史镜子。在这里，底层边缘人物成为了不可忽视的部分。而这些无法令龙颜大悦的市井画面，自然而然地被《太平欢乐图》略去了。当盛清的风华已去，晚清的集市呈现出另一个面相，它更平实、更客观、更多样、更切近人们生活的基底。

　　那些收到外销画的外国人，终于通过这些画作了解到中国这个神秘的东方国度。在摄影术尚未出现的时代，外销画兼具了东方艺术的线条之美和西方艺术的透视写实之风，成为融合了东西方文化的重要艺术现象。历史的长河奔流向前，在两次鸦片战争的轰炸之下，外销画的重要阵地彻底败落，大量画室转向香港。

　　19 世纪后期摄影术传入中国，外销画也走向了末路，正如，现代技术和文明终究洗礼了封建王朝那般。清朝的盛况终成过往——无论是在粉饰太平的画作中，还是在教训惨痛的历史现实中。当我们慨叹《太平欢乐图》呈现的市场发展、文化繁盛、百姓康乐的同时，也更应警醒，将历史回归到本真且客观的本来面目中去。然而过去已然过去了，历史无法开口为自己正名，努力的回归只能如"渐近线"那般，永远停留在一个无穷切近的可能范围内。

📝 参考文献

[1]（清）董棨：《太平欢乐图》，许志浩编，上海：学林出版社，2003 年。（图片来源）

[2]伊永文：《1368—1840 中国饮食生活：日常生活的饮食》，北京：清华大学出版社，2014 年。

[3]黄时鉴，（美）沙进主编：《十九世纪中国市井风情：三百六十行》，上海：上海古籍出版社，2002 年。（图片来源）

[4]冼剑民、周智武：《中国饮食文化史：东南地区卷》，北京：中国轻工业出版社，2013 年。

岁朝清供：祈福纳祥的食物媒介

画角声中旧岁除，新年喜气满屠苏。
阳和忽转冰霜后，元气更如天地初。
晚色催诗归草梦，春光随笔上桃符。
闭门贺客相过少，静对梅花自看书。

——（宋）真山明《岁朝》

序言

中华文明是四大文明中唯一延续至今的农耕文明。东方的先民们尊崇四时运行的规律，春种、夏忙、秋收、冬藏，无一不是随着时令的变迁，顺时而动。从每年的正月开始，至腊月而终，年年月月都伴随着人们的农耕、娱乐、祭祀等文化活动。在东方文化中，过年是最重要的文化节日，往往被人们寄予许多美好的期许。春节和除夕，这两个辞旧迎新的日子逐渐承载起厚重的东方文化与民族艺术。岁朝图是伴随着过年文化出现的特殊艺术现象。

什么是"岁朝图"呢？"岁朝"的说法最早出现在《后汉书·周磐传》中，

书中记载"岁朝会集诸生，讲论终日"，说的是在正月初一这一天，书生们汇聚一堂，坐而论道，讲授、讨论、交流一整天，彼此切磋学习。"岁朝"指的是农历新年的第一天，又被古人称为"元日"、"正日"或"春节"。根据《汉书·孔光传》记载，岁朝这天也被称为"三朝"，即"年之朝，月之朝，日之朝"，"岁朝"这天有三重迎新的含义——一年之初、一月之初、一日之初，正是万象更新、从头开始的生活起点。"岁朝"这个特殊的日子也被古人们赋予了重要的历史和民俗价值。

（一）皇城的祥瑞年物

"岁朝图"就是人们在春节前后绘制的画作，主要用以祈福、辟邪和欢庆。作为中国艺术史上重要的创作主题，岁朝图的历史尤为悠久。起初，是一些仕绅、文人在大年初一这一天清扫书房，搬出金石、书画、古董等雅玩之物，精心摆设于临窗的案几上，作为岁朝清供。渐渐地，有文人墨客将这些物品绘制成画作、挂于墙上，意在祈福纳祥。从时间上看，岁朝图自唐代[1]出现以来，经由宋徽宗赵佶的青睐，迎来了明清两代的高峰，延续至近现代。时至今日，岁朝清供也依然是人们迎新的重要文化活动。简单来说，古代的岁朝图与如今人们熟知的年画、春联、"福"字一脉相承，都是年俗信仰的衍生物，其内在都是一致的。

在中国历史上，最注重岁朝庆典的皇帝，非乾隆莫属。在治国理政之余，乾隆皇帝热衷于舞文弄墨、游山玩水，并且热衷于在过年时节置办许多"年物"，绘制岁朝图。目前北京故宫博物院收藏的乾隆御笔《岁朝图》就有数十余幅。其中，最为声势浩大的六幅御笔岁朝图分别以"同风""韶华""开韶""盎春""履庆""履安"为题图大字（见图1）。画面中出现了熟悉的日常食物、植物与其他文人雅玩之器物等，例如，《开韶》和《同风》两幅中不约而同出现了萝卜，《盎春》一幅中则出现了柿子和百合等食物图像，与"青菜萝卜保平安"的民间观念或有关联。食物常被人们赋予祥瑞之意，植

1　另一说认为岁朝图出自宋代，因其承袭了宋代"接福神"的风俗观念。

图1 （清）乾隆《御笔岁朝图》，北京故宫博物院藏

物则多暗含了主人的君子品格。这些具有祥瑞寓意的食物在清代皇家绘画中出现，早有迹可循。

无论是皇家贵族的年物置办，还是文人雅士的清供，食物祥瑞图可谓风头一时。我们发现清朝绘画中总有大量食物图像——当然它们主要集中在岁朝图中。例如，"扬州八怪"之一的高凤翰（1683—1749）在《岁朝图》（见图2）中绘制了果蔬，以仕女图闻名的清代画家改琦（1773—1828）在《岁朝集吉图》（见图3）中使用了水仙、柿子、百合以及白梅、牡丹等具有吉祥寓意的花卉。

图2 （清）高凤翰，《岁朝图》，私人藏品

图3 （清）改琦，《岁朝集吉图》，私人藏品

在旧时社会中，上至皇家，下至平民，都通过绘制岁朝图的方式，期盼新的一年国运昌盛、福寿绵长。作为祥瑞寓意的载体，岁朝图中的食物图像大致承载了两方面的文化意蕴。一方面，人们祈求神明将福祉降临人间，辞旧迎新，接福纳祥，去除过去一年的污秽——所以岁朝图也和春联一样，都是年俗信仰的衍生文化。具有祥瑞寓意的果树花草，也成为了画师笔下的常见静物。这些图像又有着怎样的文化内涵和寓意呢？

北京故宫博物院藏有一副特殊的岁朝图，执笔的画家同样是一位皇帝。明朝成化年间，明宪宗朱见深（1447—1487）——那位在历史上以痴恋年长妃子闻名的皇帝——完成了著名的《岁朝佳兆图》（见图4）。虽冠以"岁朝"之名，但画面上却是两个面目狰狞可怖的人物。朱见深是明朝第八代皇帝，后改名为见濡，擅人物画，笔法老练，顿挫有力，个人风格明显。

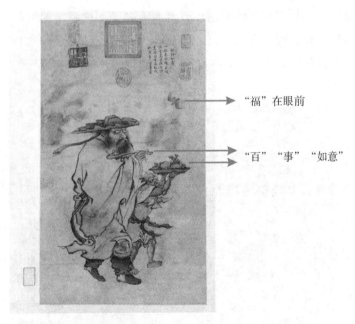

"福"在眼前

"百" "事" "如意"

图4 （明）朱见深，《岁朝佳兆图》，北京故宫博物院藏

这幅《岁朝佳兆图》中的人物造型生动，神情乖张，描绘的是钟馗与小

鬼行进的场景。钟馗目光犀利紧盯着飞来的蝙蝠，右手持如意，左手搭在小鬼肩上。小鬼双手托捧这一个盘子，托盘中盛有柿子和柏枝。画面中出现的如意、柿子和松柏枝条显然有特殊的祥瑞寓意。

我们可以看到明宪宗在画幅右上角御笔题字：

> 栢柿如意
> 一脉春回暖气随
> 风云万里值明时
> 画图今日来佳兆
> 如意年年百事宜

借用"柏""柿"和"如意"的谐音，寓意"百事如意"，明宪宗借此表达了新年的美好祝愿。在明代以前，悬挂钟馗画像是一项重要的岁朝风俗，人们以此驱鬼辟邪，祈福来年的顺遂。直至明清之交，钟馗像的绘制逐渐成为端午的习俗。我们现在看到的《岁朝佳兆图》是一幅祈福纳祥的宫廷年画，也是食物在古代绘画中作为特殊象征含义的典型案例。

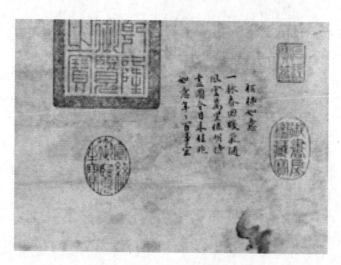

图5 《岁朝佳兆图》细部题画诗

（二）食物作为祈福的媒介

相传为南宋李嵩所作的《岁朝图》是现存最早的岁朝图之一，画面由下至上形成了三个主题："门外迎客""院中揖见""室内茶戏"，生动地描绘了岁朝期间挂门神、访友人的欢庆场景（见图6）。人们对这幅绘画作品的兴趣主要集中在宋朝年俗中的门神年画方面，研究者发现"不但在外宅门上绘有武将门神，而且在堂屋隔扇门上还出现了文官打扮的门神，在门神中还出现了'福神'魏征的形象，显示了宋代开始以文官为门神的习俗"。

图6 （南宋）李嵩（传），《岁朝图》

据明代《长物志》卷五的"悬画月令"记载："岁朝，宜宋画福神及古名贤像。"简单地说，"接福"本身就是岁朝图绘画的一个主要议题，画师通过艺术图像的创作，祈求神明将福祉下降到人间，开始美好的生活。岁朝图一直隐含着"接福神"的民间风俗，例如蝙蝠作为福气的象征是岁朝图中常见的意象，寓意"福在画中"、"福在眼前"的佳兆（如图4）。

再如，岁朝图中常有鸡或玩具鸡的形象，取"吉祥""吉利"之意，在民间被视为祥瑞的动物。在我国，自古以来就有元日在门上贴画鸡符的新年风俗。东方朔《占书》云："一日鸡，二日犬，三日猪，四日羊，五日牛，六日马，七日人。"在岁朝图中，鸡除了具有贺岁、迎春的性质，还有对于这种家禽作为"积阳"俗信内涵的民俗文化认同。公鸡的形象在古代民俗中被赋予了神性和神威，例如古代节俗文献中，多有"贴画鸡户上"的记录，目的是驱鬼镇物："贴画鸡户上，或斫镂五采及土鸡于户上，悬苇索于其上，插桃符其旁，百鬼畏之。"另一种较为常见的动物是鹌鹑，岁朝图中的爆竹、花瓶、鹌鹑，组合在一起寓意着"竹报平安"，这主要也出自驱魅、辟疫的民俗信仰遗风："（元日）鸡鸣而起，先于庭前爆竹，以辟山臊恶鬼。"

除了上述这些较为常见的动物图像之外，岁朝图的吉祥物象十分丰富，主要可分为瓜果类、植物类、酒具和花器三大类别。瓜果类食物图像的寓意大体意味着丰收、多子、长寿与圆满，是"民以食为天"观念影响下的产物，除了前文提到的百合、柿子、萝卜之外，还有荸荠、桃子、石榴、菱角、荔枝、芋头、佛手、香橼等等。这些时令果蔬大都被赋予了吉祥寓意、祈福功能，或喻指主人品格等。佛手寓意多福多寿（见图7），石榴寓意多子、儿孙满堂，白菜和萝卜为冬季时常食用的蔬菜，出现在岁朝图中表达了人们期待新的一年五谷丰登、生活自足。其中，萝卜或与"咬春"的习俗有关联，人们在早春时

图7 （清）光绪，《岁朝清供图》

节，为了讨个"咬得草根断，则百事可做"的好彩头，有吃生萝卜或春饼的习惯。白菜还因为其青色与白色的色彩搭配，被人借以彰显"清白分明"的

文人品格。

芋头是非常典型的平民家庭果腹之物，文震亨《长物志》也提过"则御穷一策，芋头称首"之说，即，对穷苦人家而言，抵抗穷困的最佳食物就是芋头，林洪的《山家清供图》中题有《居山人》一诗，诗云"深夜一炉火，浑家团圆坐。芋头时正熟，天子不如吾"。可见，山里人家围坐在炉火边，共享热烘烘的芋头，便已是人间大乐事了。

传为明代画家周之冕的《岁朝清供图》中（见图8），出现了香橼。这是一种典型的南方物产，较多出现在南方籍画师笔下。周之冕是明代著名花鸟画家，江苏苏州人，勾花点叶派的宗师，作品细腻传神。他的岁朝图清雅灵动，不失稳健，绘画右下角就出现了一对香橼。香橼的香气浓厚沁人，本是摆放在文人案头的陈列物品，因"橼"与"圆"同音，多用以表达成双成对、团团圆圆的美好寓意。

图8　（明）周之冕（款），《岁朝清供图》，私人藏品

我们发现，岁朝图基本遵循较为固定的
图式，画师们将具有吉祥寓意的物象散布于
画面中，除了上文中提到的果蔬之外，通常
还涵盖了花卉、器皿等类别。常见的花枝包
括牡丹、梅花、桃枝、灵芝、菊花、水仙
等。松柏寿延年，菊花、灵芝、万年青等也
有相通的解读，具有长寿增福的寓意。灵
芝、仙桃等具有神话色彩，在民间被视为仙
药、仙果，与柏枝、柿子等摆放在一起，寓
意"百事如意"，上文《岁朝佳兆图》（图4）的
题图诗便是典例。此外，桃的民俗文化含义
丰富，又与神话中的"瑶池蟠桃"相联系，一
方面象征着长寿延福，另一方面民间认为桃
为仙木，能克制百鬼，具有驱邪避祸的功
用。较常见的"岁寒三友"表现了主人翁的高

图9 谢稚柳《岁朝图》，
以花卉为主

洁品格与人生追求，其中梅花有五片花瓣，被人们视为"五福"的代表，具
有报春的吉祥之意。在谢稚柳的《岁朝图》（见图9）中，正红色的牡丹尤为
引人注目，《大易辑说》解释色彩时，说赤红色为纯阳之正色，也同时具有
辟邪、镇祟的功能。

器皿类的祥瑞物象中较为典型的是花瓶与酒具两大类。花瓶一方面能
够装盛花枝，具有功能性意义，另一方面也因为谐音"平"，而具有平安、
平顺的寓意，代表着"四季平安""岁岁平安"的美好祝愿。1958年，丰子
恺先生在他的《岁朝图》上题："花满瓶，酒满樽，预报明年再跃进"，简单
的文字内容反映了具有时代特色的文化风俗，也说明花瓶中插满花枝、酒
杯中斟满好酒，依然是当时人们贺岁祝愿的美好象征。

茶壶、酒壶、酒杯是齐白石先生笔下零散出现在画面中的物象（如图
10）。白石老人在晚年时嗜好每天喝两杯白酒，信奉小酌怡情的养生之道。
每逢佳节，更是兴致所至，酌酒两杯，疏解胸意。我们可以在白石先生的
岁朝图中看到酒杯和散布的酒杯，或者体量较大的花纹茶壶，笔触随性，

形态生动，充满着恣意洒脱的生活态度。

图 10　齐白石《岁朝图》、《新喜》中出现酒杯、茶壶

　　岁朝图中的酒也是有讲究的，一般指的是柏叶酒、屠苏酒、椒花酒等具有时令性的季节性酒品。南宋时陈元靓撰写的类书《岁时广记》曾引用《风土记》的记载，说的是人们在元日拜寿，"上五辛盘，松柏颂，椒花酒"，写的正是人们在岁朝之日相聚畅饮的场景。古代诗文中，也有大量迎新饮酒的描绘，例如宋代诗人真山明的《岁朝》描写人们迎新去旧，杯中倒满屠苏酒：

　　　　　　画角声中旧岁除，新年喜气满屠苏。
　　　　　　阳和忽转冰霜后，元气更如天地初。
　　　　　　晚色催诗归草梦，春光随笔上桃符。
　　　　　　闭门贺客相过少，静对梅花自看书。

酒是文人雅集或宫廷宴饮中必备的起兴之物，在新旧交替的岁朝时节，也被认为具有驱邪、避祟的功能。元日饮酒，还符合古人的自然养生之法，具有驱寒、祛阴的保健功效。

白石老人喜绘岁朝图，尤其在老年时期，每每落笔成画，都洋溢出喜乐安康的幸福之情。他的画中还经常出现鞭炮和灯笼，例如《报道平安》（见图11）一幅。一个大红灯笼居于画作正中。"灯"在古意中和"丁"相通，因此也具有人丁兴旺、增添人丁的通俗寓意。

图11　齐白石的岁朝图《报道平安》中的鞭炮

（三）文人墨客的"斋中清供"

"清供"在中国古代，特别是明清之后的文人生活中，有着极为重要的意义，清供之盛行成了古代书画与雕刻的一个重要题材，后人称其为"清供图"。"清供图"和"四君子图"、"岁寒三友图"一起成为当时文人画题材中较为固定的图式，在中国绘画史上写下了重要一笔。

相传有一日，郑板桥路经扬州东郭市上，见到元代文人李萌的《岁朝图》，爱不释手，虽"几于破乱不堪"，但依然掷重金买下，重新装裱后悬挂书斋，岁朝清赏，聊以自娱——"一瓶一瓶又一瓶，岁朝图画笔如生。莫将片纸嫌残缺，三百年来爱古情。"不同于门庭若市、熙攘热闹的岁朝庆贺之风，对那些喜好清净的古代士大夫或文人墨客而言，岁朝之日，更宜斋中清供。清供绘画，一方面蕴含着中国文人生活中清雅的审美取向，同时又结合了朴素美好的接福祈愿，是传统士大夫人格构成中雅俗融合的外在体现。例如明代陈洪绶绘制的《岁朝清供图》（见图 12）精巧地构绘了白梅与月季（据题画文字推断），花瓶是仿古的铜瓶，瓶身使用的是沿用自宋代的靛青色彩墨。以早春时开放的花朵寓意

图 12　（明）陈洪绶，
《岁朝清供图》

新春的瑞兆，以五瓣白梅寓意五福，整体画幅典雅清丽，实为妙品。

当然，食物依然是岁朝清供的重要物象，在岁朝清供图像中，食物主题依然具有不可忽视的地位。在更为清雅的文人斋中清供图中，绘画风格更为简约、画作大多融入更多巧思，物象相对有序且集中。"清供"大多发生在文人墨客的个人雅苑之中，相较于寻常百姓家或皇宫高墙内的岁朝，"斋中清供"更多凸显了历代士大夫的个人品格与审美雅趣。

千百年来，岁朝图的内容形式多样，细节主题丰富，除了我们上面所提到的较为典型的食物、动物、植物图类之外，有大量访友、宴请、村庆的生活场景，有种类丰富的代表着祥瑞寓意的神话元素与民间故事，有工笔、写意，也有水墨、彩色……例如（传）南宋李嵩的《岁朝图》、清代姚文瀚的《岁朝欢庆图》（见图 13）、明代袁尚统的《岁朝图》（见图 14）《迎春图》等。

图 13 (清)姚文瀚,《岁朝欢庆图》   图 14 (明)袁尚统,《岁朝图》

📝 参考文献

[1]袁媛、殷晓峰:《从"岁朝图"看春节习俗里的宗教文化》,《中国宗教》2019 年第
    1 期。

[2]程波涛:《〈岁朝图〉的民俗文化意蕴探微》,《装饰》2014 年第 3 期。

[3](明)文震亨:《长物志》,李瑞豪编著,北京:中华书局,2012 年。

年年岁岁花相似,岁岁年年人不同。

后　记

　　从艺术图像中梳理中国饮食文化的想法，起源于2019年春天。彼时，我完成了浙江大学的博士学业，从柬埔寨毕业旅行归来，入职工作尚有月余，悠悠然赋闲家中。一天午后，接到了启蒙老师赵荣光先生的电话。赵老师言明受出版社邀约，有一册"趣味艺术史"主题的书稿合约，又，多年来知我对艺术理论与图像学的兴趣深厚，便来询问写作意向，我欣然应允——这本小册子于是有了最初的概念成型。感谢赵荣光老师的信任与推荐。

　　小书的最初定位是结合趣味性与学理性的饮食文化类艺术普及读本，我自认在中华食学研究领域实属外行，对艺术学的研究也只是起步，远谈不上熟稔，写作期间时常感到才疏学浅、力有不逮、落笔艰难。当时，凤凰壹力杭州分部的前社长刘传喜先生是最早与我对接的出版方，从风格定位、目录框架到章节内容的细读，刘社长给了写作者最大的创作自由与观点尊重，没有他的鼓励，这本书的推进会更加举步维艰。我的早期责任编辑郭小扬女士曾在中国美术学院兼职讲授艺术史课程，对中西方艺术作品分析亦有心得，我们相见恨晚、相谈甚欢，成为了要好的朋友。十分庆幸，我的书籍撰写与出版体验，起步于这些温暖的出版从业者们。同时也感谢武汉大学出版社的编辑老师最终接手并促成了拙稿的最终付梓。

　　伴随我入职后工作的开展，书稿的推进一度停滞，当然这主要归咎于我本人的畏难情绪，这份稿约以极其滞缓的进度，如影随形地围绕了我两年，文稿前后文风的改变（如果有的话）也或多或少映射着我内在情绪的波动。终于在 2021 年冬天，它有了初步的模样。紧接着的春天，某一次偶然的会议中，我与周鸿承师兄谈及书稿事宜。鸿承兄为赵老师门下高足，在饮食文化及运河文化研究中早有所成，他建议我可以此书稿申报省社科联的社科普及课题。循之一试，果然得到了立项，感谢师兄真诚的建议与帮助。感谢我的学生许冉冉和杨燕春同学为本书做了前期的文本审核工作，感谢所有在成书过程中为我答疑解惑的师长与亲朋。

本书囊括了先秦至近代的中国视觉艺术中较有话题度的饮食主题作品，概而言之为"食事"的图像志，"食事"的概念取自赵荣光老师《中国饮食文化概论》，即，人类的食事活动包括食生产、食生活、食事象、食思想、食惯制，虽以饮食为线索，但文稿内容折射的面相与涉及的路径还是较为发散的。书写和整理的过程中也添加了我早前关于茶文化的已刊文稿。如此磕磕绊绊地"拼凑"出一部粗浅的所谓"图像志"的书稿，诚惶诚恐。拙笔浅陋，仅作为阶段性的总结与杂思，以见教于大方。

陆　颖

2022 年初秋于金华北山脚下